提姆・安得森 TIM ANDERSON

廚師、美食作家，成長於美國威斯康辛州，鑽研日式料理超過二十年。對日本料理的熱愛，始於青少年時期初次看到日本的《鐵人料理》（料理の鉄人）節目——這份熱愛發展成絕對的痴迷。二〇〇二年搬至洛杉磯，於西方學院（*Occidental College*）研究和食文化，畢業後遷居福岡，徜徉於當地的美食文化中，二〇〇八年與妻子相偕返回倫敦，從精釀啤酒吧到日式靈魂料理餐廳的主廚兼負責人，皆獲美食評論家與顧客的廣泛支持，二〇一一年贏得英國實境節目《廚神當道》（*MasterChef*）冠軍，將自己對日本料理的熱愛與興趣轉化為職業，二〇一二年開設南蠻餐廳（Nanban）快閃店，之後於伯立克斯頓和柯芬園經營南蠻拉麵店與居酒屋，二〇二一年之後陸續出版了《簡單日本食：家常》（*JAPANEASY*）、《簡單日本食：米飯》（*JAPANEASY BOWLS AND BENTO*）、《簡單日本食：蔬食》（*VEGAN JAPANEASY*）等數冊日本料理書籍，是英國傑出的日本料理發言人之一。

致提格（Tig）——
希望有一天
你能為你所愛之人
準備這一道道佳餚。

ZANUSSI

序言

日式料理因講究稀有且高品質的食材、精準的烹飪技術，並恪守可追溯至數世紀前的傳統，而受到全世界的喜愛與敬重。

這是大眾對日式料理的印象，但你想知道真相嗎？

日式料理其實*非常簡單*。

你最喜歡的日本美食有哪些？壽司？它其實出乎意料的簡單。日式煎餃？這也很簡單。唐揚炸雞？超——級——簡單！天婦羅？簡單得要命。日式串燒？日式炒麵？味噌湯？簡單，簡單，超簡單。

我完全理解日式料理很容易讓人卻步——它的確用到了許多不常見又難以取得的食材（更不用說，有些甚至連名字都不知道該怎麼唸）。而且大家都說日式料理需要高超的烹調技術，必須經過長年累月的學習與練習才能掌握。對於進階或高級的日式料理來說或許如此，但要是你知道有多少你喜歡的日本美食可以在家自製，你一定會大吃一驚。就連手邊只有有限食材的新手，也能做出令人滿意的成品。事實上，有很多日式料理都完全不需要用到特殊食材！

本書旨在通過容易上手（但絕對正宗）的菜餚，帶大家進入日式料理的世界。不過，這本食譜並沒有「投機取巧」——沒有用不恰當的食材來取代難以取得的原料，也沒有非得是老手才能完成的料理。相反的，我之所以選擇介紹這些食譜，都是因為它們易於製作，從食材採購、前置作業到烹調方法都非常簡單。如果你想要的，是在家重現你最喜歡的、熬煮了二十個小時的豚骨拉麵，上面還有齊全的配料，那麼請你到別的地方去找——這絕對不簡單（雖說也不是真的很困難）。但如果你想要的，是好玩、簡單、準備起來相對快速，重點還很美味的日式料理，讓你真的可以常常在家裡自己做——那麼這就是你要找的書。

事前準備

藉口，都是藉口

你很喜歡日式料理。我知道你很喜歡，因為你正在看這本食譜！畢竟所有人都喜歡日式料理，它太美味了！你很喜歡日本菜，卻從來沒有在家自己做過。為什麼？以下是我經常聽到的幾種~~理由~~藉口，也許你也曾這麼說過——但是請你別再找藉口了。你完全可以在家自己做日式料理，而且今天就能做！

我買不到日本食材！

不，
你可以的！

首先，有很多日式料理根本不會用到比醬油更難買的食材。就拿天婦羅來說，我們只需要麵粉、玉米粉、雞蛋、氣泡水、食用油，還有新鮮的蔬菜或海鮮。況且，日式料理的主要食材如今隨處可見——就算你家附近一間東亞超市也沒有，你也能在普通的大型超市裡買到你所需要的大部分食材。如果我說錯了，如果你家當地的大型超市連米醋都沒賣呢？或是附近完全沒有大型超市呢？那麼還有一個神奇的地方，你可以隨時在那裡找到所有的日本食材……。

那就是

網路

！！！

網路是購買各種食材的美妙天堂，無論是日本，還是其他國家的食材，通通都能買到。線上超市、大型購物網站（例如亞馬遜或eBay）和中小型的線上專賣店，購買日本食材的途徑真的是多到數不清，它們的配送範圍幾乎涵蓋全國各地，而且往往比你想得更快、更便宜。像我住在倫敦，在這裡，日本食材相對來說是容易買到的，但即便如此，要買味噌、海苔、日本清酒或是其他食材的時候，我常常發現在網路上買還是最便利的方式。這樣說吧，你完全可以利用等公車的時間，在手機上買到這本食譜需要的所有東西！

真是太神奇了！活在這個時代實在是太好了！

我聽說壽司師傅光是學煮米就花了兩年，
日式料理太難了。

不，一點也不！

大部分的日式料理做起來不止簡單，還很有趣！好吧，你可能做不出米其林等級的壽司當晚餐——你也許曾在店裡看過一位年逾八旬卻精神抖擻的老師傅，和他神態疲憊的兩個兒子共同完成。確實，最高級的日式料理——如同任何一種料理——只有擁有多年經驗的人才能成功。但千萬不要因此放棄！任何人（尤其是你自己）都不應該期待你的廚藝能和日本名廚一樣精湛，更何況，如果你只是單純追求做出好吃的日式料理，也不必達到像那樣的高水準。很多日本菜的作法其實都很簡單，就連一隻訓練有素的猴子都做得出來（大概吧）。

別管什麼精細的刀工、高超的烹飪技巧，或是複雜的食譜了——你不需要這些就能做出美味的日式料理。

我根本沒有時間下廚，
而且日式料理做起來很花時間！

不，大錯特錯！

許多日式料理只需準備少數幾種食材即可，而且烤箱在日本家庭其實並不常見，日式料理也沒有太多燉煮或悶燒的傳統，大多採用較為快速的烹調方式：例如水煮、燒烤，或是煎炒油炸。事實上，一頓營養均衡的日本定食只需要一份簡單的食譜，再加上半個小時的準備時間就能完成。比方說：

第一步：洗米煮飯。
（洗米5分鐘，煮飯20分鐘）

第二步：在等待白飯煮熟的同時，快速調配甜味噌醬（見173頁）。將調好的醬料抹在切片的魚肉或雞肉上，接著烤熟。
（總共10至20分鐘）

第三步：快速準備沙拉，淋上以醬油、糖、檸檬汁及少許香油調成的沙拉醬。
（5分鐘）

第四步（升級版）：做味噌湯！
（用調料包就好，我們又不是在麗思飯店（theRitz）。）
（2分鐘）

然後嗒噠！——這樣你就能在家享用美味的日式料理了！而且還是在平日！如果你事先備好大量的常用醬汁和調味品，以便在你突然想吃日本菜時隨時應急，那麼準備起來甚至還能更快。

現在你找不到藉口了吧！

那我們就趕快開始吧！！！

mizkan
ほんてり
mizkan
Original
RICE VINEGAR
for Recipes & Cooking
THE REFINED JAPANESE SAKE
澤之鶴
KIKKOMAN
Soy Sauce
MI SO TASTY
Organic Unpasteurised
AKA RED
MISO PASTE
MI SO TASTY
Organic Unpasteurised
SHIRO WHITE
MISO PASTE
SATISFACTION
Shimaya
シマヤだしの素
かつおだし
Best before date Method of display YYYY MM DD
みそ汁/MISO SOUP

本書（幾乎）所有料理都需要用到的七種日本食材

日式料理有一個很棒的地方，那就是在大多數情況下，它的作法都非常簡單。許多傳統的日式菜品準備起來其實相當便捷：新鮮的食材、簡單的備料、只用少數幾種風味濃郁的材料調味，再加上快速的烹煮方法——或是根本不用烹煮。壽司就是一個經典的例子：將上等的海鮮切成薄片，佐以醬油享用。僅此而已！多麼迷人啊。

事實上，每當我拿到一塊漂亮的魚肉，我都會忍不住切下一小塊，蘸點醬油生著吃。這是生命中最簡單、最純粹的美食享受，就像配上海鹽與橄欖油的布拉塔起司，或是極致香濃的法國起司搭配陳年的法國美酒。

當然，不是每一道日式料理都像壽司一樣簡單，但它們通常也只會用到幾種食材，而且每一道菜需要用到的材料都大同小異。我不知道你是否有同感，但我每次在家煮泰式咖哩或印度咖哩的時候都覺得很緊張，因為它們都需要一——大——堆——的香草、香料和其他調味品。日式料理很少出現這種情況，一般都是少數幾種新鮮食材適當搭配少數幾種調味料，然後單純把它們拌在一起。因此你不需要很多調味料，就能煮出各種各樣的佳餚。首先要準備的是這些：

1

醬油

醬油能為料理增添**鹹味**、**旨味**和幾分**酸味**——我總是把醬油的味道比作比較淡的馬麥醬（Marmite）。基本上在每一道菜——無論是日式還是其他料理——我都會加一點醬油調味，有時是在原有的調味上額外添加，有時則是用醬油代替鹽巴，因為它能為料理帶來豐富且令人滿意的層次感。下次試著在波隆納肉醬或焦糖醬裡加點醬油吧！

你家裡可能已經有醬油了。不過，你得確認一下你有的是日式醬油，而不是中式醬油，因為這兩種醬油的味道多少有點差別。龜甲萬（Kikkoman）是最常見的牌子，口味也不錯，雖然比其他品牌的價格稍微高一點，但品質也相對比較好。如果實在買不到日式醬油，用中式的淡醬油也能應付大部分的料理。我很少在日式料理中使用濃醬油，因為它的味道過於濃郁甘醇，不過在肉類料理中倒是可以使用。

2

味醂

味醂能為料理增添**甜味**，味道類似非常淡的蜂蜜（但質地更稀），是一種高酒精濃度且高甜度的日本清酒——你一定不會想直接喝它，不過它卻是許多日式料理中鹹甜滋味的重要功臣。在歐洲料理中，很少有能為鹹食增加甜味的調味料，下次當你覺得一道菜缺了點什麼的時候，你需要加的可能不是鹽——不妨加一匙味醂試試。有時候這種醇厚的甘味正是完美融合醬汁與肉汁的關鍵。

3

米醋

米醋能為料理增添**酸味**，同時起到提味、平衡甜鹹與開胃解膩的作用。日式料理一般不會有很強烈的酸味，因此米醋通常只作為清淡的調味品少量使用，比方說在壽司米中加入米醋，主要是為了勾起人們的食欲。和醬油一樣，請盡量使用日式米醋而不是中式米醋；中式米醋比較酸，而日式米醋還帶有一絲淡淡的麥芽香氣。

4

日式高湯

日式高湯能為料理增添**旨味**和——我實在找不到更好的詞來形容——**日式風味**。日式高湯主要是一種口味淡雅的肉湯——實際上更像是將食材浸泡在水中製成的，就像茶一樣——由昆布（一種乾海帶）和柴魚（一種經過煙熏、發酵與烘乾程序加工的鰹魚，見15頁）製成。昆布為高湯帶來一種讓人上癮的濃郁鮮味，而這份鮮味又在柴魚的煙熏肉香中得到進一步的加強。要想自己從頭熬製高湯（見168頁），作法其實很簡單，但是柴魚很難買到，而且價格昂貴。因此，我建議你買一包高湯粉替代。我知道這聽起來很像在作弊，但高湯粉真的非常美味（和那些討厭的高湯塊完全不一樣），如果你是怕用高湯粉會不夠道地，這一點你不必擔心，因為用高湯粉煮高湯正是上百萬個日本家庭的慣常作法，我甚至看過米其林餐廳的廚師使用。它的使用方法簡直簡單到不能再簡單：只要按照包裝上的指示加水即可。

高湯有時是一道料理的主角，但或許更多時候，它是帶出其他食材風味的基底。無論是哪種情況，高湯都是不可或缺的，而這卻是件很煩人的事，因為它可能是你在主流的大型超市裡，不太容易找到的一種食材。不過別擔心——還是有不少途徑可以買到高湯（你可以在任何一家東亞雜貨店，或是在網上輕易找到它），而且本書也收錄了很多完全不需要用到高湯的食譜。

5

清酒

清酒能為料理增添**旨味**、**香味**和微妙的**甜味**與**酸味**——你可以把它看做是日本的白酒。大部分的料理用清酒都帶有明顯的蕈類的泥土香氣，但它風味獨特，能賦予菜品濃厚的鮮味——我有時候會形容清酒就像沒加鹽的淡醬油。你可能會覺得很難理解，但我想表達的是，它能夠提供和醬油一樣的甘醇滋味，卻沒有醬油那麼濃烈的鹹味。因此，清酒經常被用來「稀釋」醬汁，用來中和過重的味道，好讓其他味道也有機會展現自己的魅力。

⑥

味噌

味噌是一種很棒的調味品，它能為料理增添**旨味**、**甜味**、**酸味**、**鹹味**、**香味**、**日式風味**、口味的**豐富性**，有時甚至還有**苦味**。我把味噌的味道稱作是一種「圓滿的滋味」，因為它有無限的可能，而且它本身就是一種完美的調味品。味噌本質上是由發酵的大米與黃豆製成，市面上有很多、很多、很多、很多、很多、很多、很——多——種不同的味噌。不過，你最有可能找到的應該是白味噌（shiro MISO）和紅味噌（aka MISO）。

白味噌的熟成時間偏短，通常含米量高，口味鹹中帶甜，清爽不膩；紅味噌的熟成時間則長得多，而且含有比重較高的黃豆（有時甚至不含大米，或是含有其他穀物，例如大麥），口味更為濃重豐富。我的建議是兩種各買一些，好試試它們的味道，不過本書大部分需要的都是白味噌——而這也是比較常見的一種。

購買時請注意：你有可能會在架上看到膏狀或粉狀的即溶味噌湯。雖然用即溶湯包可以沖泡出好喝的味噌湯（我超愛英國一個叫做「Miso Tasty」的牌子），但它並不適合作為食譜中味噌的替代品——它的濃稠度不對，且含有其他配料，如海帶、青蔥或芝麻。

⑦

米

與其說米是一種食材，它更像一種主食。我曾在某個地方讀到，說日式料理「沒有中心」——沒有主餐，也沒有核心的食材——卻存在著一個「目標」，而這個目標就是米飯。也就是說，要有米飯，日本人的一餐才算是圓滿，你可以說這是一種富有詩意的說法，也可以說這是一種讓人想翻白眼的矯揉造作。有些日本菜可以單獨享用——比方說大阪燒、拉麵或是炒烏龍，這些料理完全可以自成一餐。可是還有很多其他份量比較小、口味比較清淡的菜餚——例如烤魚、沙拉和味噌湯——就需要搭配一碗白飯，以確保飽足感。

對我來說，使用日本米以外的任何一種米來搭配日本菜，都會讓我覺得渾身不對勁。但這也可能是因為我在所有的米當中最喜歡日本米！我喜歡它的飽滿圓潤，我喜歡它的黏彈口感，我也喜歡它撲鼻而來的香氣。事實上，日本米煮熟時的香氣是我最喜歡的氣味之一。而且，日本米也不難買到——超市通常會把它標為「壽司米」（這實在是一件很沒道理的事，日本米又不是只能拿來做壽司），但如果可以的話，你最好還是去亞洲雜貨店買，因為價格會便宜很多，而且品質也比較好。

你或許會想要的另外十種食材

1

豆腐

日式料理一般會用到兩種豆腐：絹豆腐和……呃，不是絹豆腐的豆腐？要寫出絹豆腐以外的豆腐名稱十分困難，因為每家品牌似乎都有不同的叫法，不過最常見的可能是「板豆腐」。絹豆腐總是裝在小巧的利樂鋁箔包裝內，要沿著切線剪開包裝才能打開；而板豆腐則裝在塑膠盒裡，且浸泡在水中。絹豆腐非常軟嫩（千萬別被包裝上寫的「口感扎實」所欺騙，它並沒有那麼扎實），最適合用來做奴豆腐（見79頁）之類的冷盤，或是烹煮過程不怎麼需要翻炒攪拌的料理（例如味噌湯）。相比之下，板豆腐則較為密實、堅固，因此更適合用於炒菜或火鍋料理。

2

熟芝麻

市面上的芝麻幾乎都是生的，這讓我覺得很討厭。生芝麻的味道就像白紙一樣，但熟芝麻卻是那麼美味！它們帶有濃郁的堅果香氣，比生吃好吃一百萬倍。所以你有兩種選擇：直接買炒好的芝麻（任何一家華人超市都有販售），或是買回來自己炒熟。最簡單的方法就是用煎鍋（平底鍋）以中火加熱，持續翻炒至芝麻呈金黃色並散發香氣，即可關火放涼。

3

海苔、海帶芽與其他同類

誰能想到海藻竟然是一種口感與風味如此多變的食材呢？就是日本人。他們採收各種各樣的海藻，分別加工成不同的食品，不過你最常看到的兩種應該是海苔和海帶芽。市售的海苔經過烘晒，呈墨綠色薄片，最常用於製作壽司卷，不過也可以用剪刀剪成細條，為菜餚增添「海潮」的香氣。市面上的海帶芽則多以脫水後的乾燥型態販售，冷水浸泡過後會變得柔軟滑嫩，而且我個人認為，海帶芽有益身體健康，但不要跟別人說是我說的。海帶芽最常用於味噌湯之類的湯品，但日式沙拉也會使用。還有另外幾種海藻也值得認識一下，例如羊栖菜（有點像海帶芽，但是體積更小，堅果味更重）和青海苔（有點像海苔，但是顏色更綠，味道更濃，通常以粉狀販售）。

4

香菇、鴻喜菇與其他同類

事實上，現在在大型超市已經能夠買到不少種類的日本菌菇，包含香菇、鴻喜菇、金針菇和杏鮑菇。

香菇肉質肥厚，味道香濃，使用前需切除菌柄。鴻喜菇在市面上也被稱為蟹味菇，外表就像是被拉長了的板栗蘑菇，但是質地更有韌性。金針菇又長又細，煮過之後會變得像麵條一樣，而杏鮑菇（我的最愛）則像是膨脹了的秀珍菇——肉質肥美，口感甘甜多汁。這些菇類基本上（就算並非完全如此，至少也是大部分的情況）會被裝成一包一包的「綜合進口菌菇」，而這也不失為一種一次嘗試這四種菇類的好方法。

5

麵條

這無疑是日本麵類的美味度排行榜：

拉麵——名副其實的麵類之王

蕎麥麵

烏龍麵

掛麵和白瀧麵之類的詭異麵條

開玩笑的啦。當然，每一種麵都有它自己的魅力，但我真心認為你可以從一個人喜歡吃哪種麵看出他的個性。如果你喜歡拉麵，你肯定是個富有魅力且精明幹練的人，你喜歡追求刺激，因此熱衷跑趴和嘗試迷幻性藥物。如果你喜歡蕎麥麵，你的個性通常比較內向，你比較喜歡和你的貓窩在家裡、喝茶，和看關於字體設計的紀錄片。如果你喜歡烏龍麵，你就是個苦於單戀的浪漫主義者，無時無刻都需要有人關心。

不過，這樣說或許比較準確：如果你喜歡拉麵，你喜歡的是以小麥粉製成、口感Q彈的細麵。如果你喜歡蕎麥麵，你喜歡的是口感細膩又帶堅果香氣的麵條。如果你喜歡烏龍麵，你喜歡的是以小麥粉作為原料、口感厚實有嚼勁的粗麵，幾乎就和餃子一樣有飽足感。

蕎麥麵幾乎都以乾麵的形式販售，大部分的牌子都很不錯，不過最好買麵身有明顯蕎麥顆粒的。烏龍麵則以乾麵、生麵或冷凍的形式販售，我非常不推薦買乾麵——乾烏龍麵的麵體不夠粗，而且煮熟後就會變得軟趴趴沒有嚼勁。拉麵的特別之處在於，製作過程中加入的鹼水讓麵體變得有彈性，生麵是最好的選擇，但如果買不到生麵，就用泡麵代替吧。出於某些原因，泡麵比乾拉麵的口感要好，而且還可以把調味粉灑在爆米花或烤薯條上（這樣真的超——好——吃——）。

6

昆布

昆布是一種晒乾的海藻，也是熬製高湯的主要材料——因此，昆布可以說是日式料理的核心。將昆布浸泡在溫水中，它就會釋放出鹹味和一種令人垂涎欲滴、食指大動的強烈鮮味（這主要是因為昆布富含天然的麩胺酸鈉），正是這種鮮味讓很多日本菜即便口味清爽，卻依舊令人滿足。不過，如果你不打算自己熬高湯（見168頁），那麼昆布對你來說就沒有太大用處，但你還是可以買一包嚐嚐看——我認為昆布的那種肉香味能在廚房幫上不少忙，尤其是準備燉菜或熱湯之類的療愈美食的時候。

7

柴魚

柴魚是高湯裡的另外一項主要材料，它能為料理帶來非常「日式」的那種魚的旨味。柴魚片基本上就是：小型鰹魚腹部兩側的魚肉經過煙熏、發酵和曝晒，直到它變成一塊帶有魚味的漂流木，然後再刨成像紙一樣的薄片。柴魚那種熏魚的美妙滋味，你應該在不少日式高湯和沾醬中都有嚐過。在某些菜餚中，柴魚也會作為配料使用，在增添鮮味的同時也讓料理看起來更引人注目——當食物散發出一陣陣熱氣時，柴魚片看起來就像是在跳舞和搖擺，極具裝飾效果。

8

日式麵包粉

日式麵包粉是日本的乾麵包屑，與西式麵包屑相比，質地更粗糙且更具空氣感。日式麵包粉的口感真的更上一層樓，所以，如果你要做炸豬排或是炸肉丸的話，請你務必要買到它——你甚至可以在某些大型超市裡找到。

9

芝麻油

只要加入幾滴芝麻油，就能為料理帶來一股濃厚香醇的堅果風味——在日式料理中鮮少大量使用（除了製作芝麻醬，見181頁），但是對於那些受到中式料理影響的菜餚，或是那種豐盛的快炒料理來說——例如薑燒豬肉（見112頁）和炒飯（見134頁）——芝麻油確實能起到畫龍點睛的作用。

10

醃漬薑片

醃漬薑片總共有兩種：紅色的和粉色（或白色）的。淡粉色的嫩薑幾乎只搭配壽司食用，用於清口；而紅生薑（日文叫做「べにしょうが」（beni shoga））則可以和各式各樣的料理搭配——它的口味和日式甜醬油（見171頁）與炸豬排醬（見180頁）很合，在日式炒麵中也是非常重要（事實上是不可或缺）的食材。

日本米的煮法

雖然有不少日本菜不會搭配白飯，但是會配飯的一定是占多數。白飯在日式料理中，就像麵包或馬鈴薯在歐洲料理所扮演的角色，主要的作用是吸收配菜的醬汁並提供飽足感。不過，若烹煮的方式得當，白飯本身也可以非常美味——那種溫熱、飽滿又黏彈的口感，散發出陣陣熱氣……等等，我們本來在說什麼來著？噢對了，白飯。

日本米應該以吸收適量水分的方式烹煮，而不是直接丟進滾水中煮熟就好，這需要比較精準地拿捏米與水的份量，但是煮法依然十分簡單。首先，你得知道適合你的量米方式！我喜歡用電子秤來量米——我覺得這樣一來比較精確，二來也比較方便，因為這樣我就可以把所有東西都放在煮飯的鍋子裡，而不必在各種杯子和玻璃瓶之間倒來倒去。

如果這一餐白飯只是用來配菜的，那麼每個人可以煮**75克**左右**（比⅓杯再稍微多一些）**的米，小孩的話可以少一點。如果白飯要當成主餐，則可以多煮一些，每個人大約**100克（½杯）**。先量好至少**150克（¾杯）**的米，再倒入有鍋蓋的小平底鍋中。

接下來要做的，就是洗米！洗米是為了洗去多餘的澱粉，以免飯粒過於黏牙和膩口。在鍋中裝入大量的飲用水，用指間搓洗米粒，稍微用點力氣，然後快速攪動洗米水。好好享受其中的樂趣吧——我常覺得這個過程很療癒。倒掉洗米水之後，再重新裝水，這樣重複三次左右——你會發現隨著澱粉被洗掉之後，水也變得比較清澈了。但洗米水不可能是完全清澈的——只要從一開始的純白渾濁，洗到還有一點霧霧的就可以了。

現在在鍋裡加水——我個人認為最好的比例是，**水的重量是米的1.3倍**——所以如果要煮150克（¾杯）的米，你就要加195克／毫升（比¾杯稍微多一點）的水（順帶一提，如果是容量的話，**水差不多是米的1.1倍**）。輕輕晃動平底鍋，讓米粒均勻分佈於鍋面。把平底鍋放在小火爐上，開大火煮沸。待水滾之後就轉小火，然後蓋上鍋蓋。在計時器上設定好15分鐘後，**就暫時忘掉你在煮米這件事吧**——雖說如果只打開一次鍋蓋倒不至於毀了整鍋米，但要是你太常去開鍋蓋，水汽就會跑掉，最後你的米不是沒有熟透，就是煮過頭，也有可能出現一半沒熟透、一半煮過頭的情況！但無論是哪一種，都不是理想的狀態。因此在計時器響之前，請務必克制想要打開鍋蓋檢查的衝動。

熄火後掀開鍋蓋，享受一下從平底鍋飄出來的堅果香氣（啊——），用叉子或筷子把飯翻鬆後，再把鍋蓋蓋回去，稍微悶個5分鐘左右，讓飯粒吸收鍋內剩餘的水汽（蒸汽冷卻時凝結的水珠，有助於溶解可能黏在鍋底的大米澱粉，這樣飯粒就不會黏在平底鍋上，鍋子也比較好清洗）。

這樣就大功告成啦！你現在就有一鍋香噴噴、熱呼呼的日本白飯，可以用來搭配各種各樣的日式料理了。

日式料理的

擺盤方式

日式料理主要有三種擺盤方式：

1

一個大碗／大盤子

2

一個大碗／大盤子
再加幾個小碗／小盤子

3

很多個小碗／小盤子

第一種的擺盤方式非常直接明瞭，就是把主菜放在一個大碗或大盤子裡，然後就能開動了！使用這種擺盤方式的料理，有拉麵、烏龍麵、蕎麥麵、日式義大利麵、炒烏龍麵、炒飯、丼飯、大阪燒和咖哩。這些料理本身就很豐盛了，在日本相當於我們的義大利麵或是燉菜。

使用第二種擺盤方式的料理本身很有份量，但不包含飯麵一類的碳水化合物，所以這些料理不太能獨自構成一餐，而是經常以多人分食的方式享用，尤其是火鍋料理，只要再加一碗白飯、一份沙拉和（或）一碗味噌湯，就能當成一餐了。

第三種擺盤方式包含沙拉、煮熟的蔬菜、烤雞肉串之類的小盤烤物，以及類似點心的炸物，例如唐揚炸雞或炸丸子。你必須將這幾道菜搭配在一起，才算得上一餐。

不過，這三種擺盤方式並不是完全獨立的，實際上，它們之間存在著重疊的可能性。舉例來說，有些人會在吃拉麵或烏龍麵的同時，配上一盤煎餃或一碗白飯。有些人（比方說我）喜歡吃一大堆、一大堆的煎餃，不再另外搭配其他東西，就這樣吃到肚子撐破為止（我真的超愛煎餃）。在某些情況下，一群人有可能會一起分食幾道主食。日式料理的擺盤方式，在某種程度上取決於你是為多少人準備的，以及你有多少時間。這裡有幾個例子，可以讓你輕鬆快速地做出豐盛又有飽足感的日式料理：

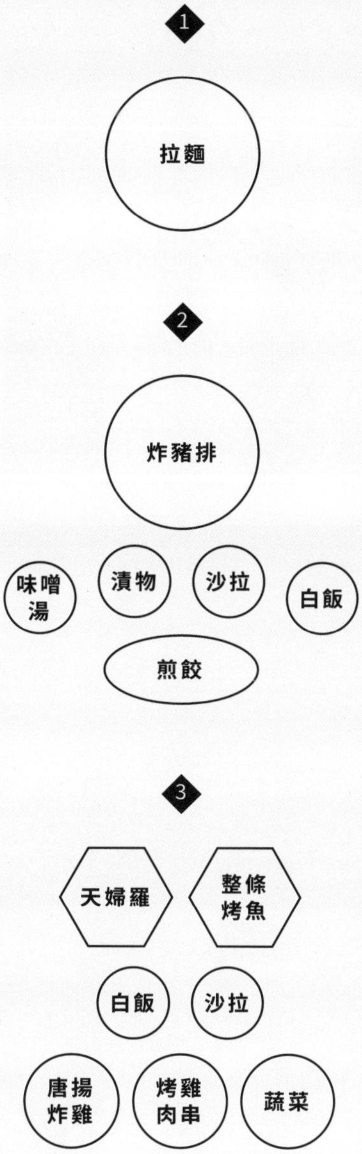

本書大致依照配菜和主食作為分類。配菜會需要白飯、沙拉或味噌湯之類的東西才能構成一餐，但這也有很多種不同的搭配方式——比方說幾個人一起分食一大碗炒飯，然後旁邊再搭配幾串烤肉。

SWEET SOY
SWEET MISO

A FAMILY BUSINESS SINCE 1880
ネストビール
JP
INGREDIENTS
biere BIRRA

每日沙拉

1

惣菜

你不必非得做出滿漢全席才能常常在家享用日式料理，有很多日本菜都能與其他類型的家庭料理完美兼容。本章收錄了幾道能和任何料理搭配的百搭食譜，選擇其中的一、兩道菜，再配上一碗湯、一份燉菜、一盤烤魚或烤肉，就能為你的日常飲食增添日式風味，滿足你在工作日對和食的渴望。

小菜與點心

最好吃的毛豆

THE BEST EDAMAME

2人份

其實我一直不太懂毛豆的魅力。我的意思是，沒錯，它們味道挺好的，吃起來也還算有趣，但是說到底它們不就是豆子嗎？我一直是這麼想的，直到我改變了烹煮它們的方式。別再管什麼水煮毛豆了——最美味的毛豆是用火烤出來的（也可用烤箱烤）。用乾熱法高溫處理，就能稍微降低毛豆的水分，讓口感變得更加扎實，並帶出一股有著淡淡焦糖香氣的、更濃郁的堅果風味。它們本身就有自然的甘甜，讓人忍不住一口接一口，就像品客洋芋片（Pringles）一樣教人上癮，只是它們遠比洋芋片來得健康。你不妨做一大盤，然後邊吃邊看Netflix吧。

作　法

將毛豆平鋪在烤盤上，接著將烤盤放在烤箱最上層進行烘烤。每隔五分鐘左右檢查一次，並定時翻動毛豆，以確保均勻上色。當所有毛豆都烤出漂亮的褐色（有些地方微帶焦黑）時，這道料理就完成了。如果想要簡單調味一下，就迅速將毛豆與搗碎的芝麻、麻油和鹽拌勻，然後趁熱享用。

難　度

小菜一碟

250克（½袋）的冷凍毛豆1茶匙的黑芝麻，磨碎（如果沒有黑芝麻，也可以用白芝麻代替）

1茶匙的芝麻油（非必要）

少許的鹽（最好是海鹽）

最好喝的味噌湯

THE BEST MISO SOUP

2至4人份

難　　度

一點也不難

味噌湯和培根三明治一樣：就算沒做好，味道也不至於差到哪裡去。雖然買來的即溶湯包很美味，但自己從頭準備的升級版味噌湯也一樣簡單，你完全可以挑戰看看！

- 4茶匙的味噌（建議使用紅味噌，或者如果你能買到的話，也可以使用麥味噌）
- 500毫升（2杯）的高湯
- 1茶匙的味醂
- 2把春蔥（青蔥）
- 2茶匙的乾海帶，或1把新鮮菠菜（或兩種食材都用）
- 裝飾用食材，例如蘆筍、櫛瓜、南瓜或羽衣甘藍，切成比一口略小的塊狀，或者也可使用扇貝、干貝等（非必要）
- 1公分寬的檸檬皮，除去內側白色部分，切成細絲
- 350克嫩豆腐，切成適口大小的方塊
- 2撮熟芝麻

作　　法

將味噌、高湯和味醂倒入鍋中，煮至沸騰。將蔥白切成1公分長的蔥段後，放入平底鍋，隨後將蔥綠切成蔥花，最後裝飾用。

加入海帶和（或）菠菜，以小火燉煮1至2分鐘。現在你可以加入你喜歡的任何食材作為裝飾——比方說，春天可以放蘆筍，夏天可以放櫛瓜，秋天可以放南瓜丁，冬天可以放羽衣甘藍，而淡菜或干貝則是一年四季都很合適。這些配料都不是必須的，但能為你的味噌湯增添另外一番風味與口感，讓味蕾得到更大的滿足。只需要多花幾分鐘時間，等蔬菜和貝類熟透變軟即可（但不要煮到軟爛）。

加入檸檬皮後關火。將豆腐分裝至深碗中，倒入味噌湯，最後再用蔥花與芝麻裝飾。

ASAZUKE

日式淺漬小黃瓜

JAPANESE QUICK PICKLES

足以滿兩個500毫升玻璃罐的量

難　度

超級簡單

100毫升(將近½杯)的水

10克的昆布,或¼茶匙的高湯粉

100克(½杯)的砂糖(細砂或特砂都可以,但如果有貳砂更好)

1茶匙的鹽

400毫升(稍微超過1½杯)的米醋

乾辣椒粗粒,或是1根對半切開的乾辣椒

蔬菜:黃瓜、櫻桃小蘿蔔、茴香、蕪菁、紅蘿蔔等(以能塞滿罐子為原則)

我很喜歡醃漬物。我不是那種每天都有固定行程的人,我的飲食也相當隨性,但我每天一定會吃一點醃漬物。我會吃香辣玉筍來提神,吃裝飾料理用的醃嫩薑,或是單純因為嘴饞而吃點醃茴香和醃黃瓜。許多日本的漬物都得花上好幾天,甚至是好幾個星期或好幾個月的時間來發酵,可是我最喜歡的,是通常被稱作「淺漬」(浅漬け,asazuke)的短時間內製成的漬物。這種醃菜鹹酸適中,味道清爽乾淨,不僅適合搭配日式料理,還能與各種菜餚完美融合。此外,搭配清酒或啤酒一起享用也是很棒的選擇——那種激發食欲的酸味會讓你忍不住多喝幾杯,因此它更是你與三五好友邊喝酒邊玩桌遊時的最佳夥伴。(可同時參考25頁「最好吃的毛豆」。)

作　法

在鍋裡放入水、昆布或高湯粉,開小火慢煮。加入糖和鹽攪拌至溶解,即可關火並倒入米醋。混合均勻後,加入乾辣椒粗粒或乾辣椒。

接下來你要做的,就只有準備蔬菜而已——任何你喜歡的蔬菜都可以。如果你想要盡快享用,可以將蔬菜切成小塊,這樣蔬菜就會更快速地吸收醃汁。如果你可以等,建議可以先不要將蔬菜切塊,整個放入醃汁,或是將蔬菜切成大塊,等醃好了之後再根據需求切成想要的形狀,看上去會更加美觀。總之,如果你將蔬菜切成小塊,只需要醃1至2小時即可;如果你將蔬菜切成大塊,就會需要4至8小時。不過無論使用哪種方式,泡在醃汁中的蔬菜都能在冰箱裡保存好幾個月。

<u>*關於櫻桃小蘿蔔的溫馨提醒</u>:如果你打算使用這種蔬菜,它們表皮的紅色色素會滲進醃汁,將其他所有的蔬菜都染成紅色,可能有人覺得這樣蠻酷的,但可能也有人不喜歡。

胡麻時蔬

SIMMERED GREEN VEGETABLES WITH SESAME DRESSING

4人份

這是一道經典的日本家常菜，也是我最喜歡的烹煮季節時蔬的方式之一，而且我有非常充分的理由這麼說——因為它真的無敵爆炸好吃。

作　法

切除蔬菜的莖部或較硬的部分。將高湯或調味好的水煮至接近沸騰後，加入切好的蔬菜。蔬菜應煮至稍微變軟，同時保有鮮豔的綠色和一點脆脆的口感。五分鐘後檢查一次，之後每隔一、兩分鐘反覆檢查，煮到蔬菜達到你想要的口感為止。接著起鍋瀝乾，淋上胡麻醬，撒上芝麻。

難　度

一點也不難

200至300克的口感偏軟的綠色蔬菜，例如四季豆、蘆筍、軟枝花椰菜、荷包豆或羽衣甘藍

約500毫升（2杯）的高湯，或是混合少量醬油與味醂的水

100克（½杯）的砂糖（細砂或特砂都可以，但如果有貳砂更好）

½份的胡麻醬（見181頁）

少許的熟芝麻

綜合沙拉拌甜洋蔥生薑醬

MIXED SALAD WITH SWEET ONION AND GINGER DRESSING

4人份

難　度

一點也不難

在日本，這款醬汁（或是有著略微差異的其他版本）叫做「和風」醬，即「日式風味」之意。這種醬汁非常美味，讓人欲罷不能，而且最重要的是，這款沙拉醬製作起來非常簡單，能讓你平時喜歡的任何一種沙拉，瞬間充滿日式風味。

作　法

將洋蔥與生薑磨成細泥，再和其他製作醬汁的食材全部混合在一起，攪拌至砂糖溶解。或者，將所有食材放入食物調理機，攪打至洋蔥和生薑呈泥狀。

將生菜和醬汁拌勻，接著將番茄、小黃瓜和其他蔬菜有美感地擺放在生菜周圍（記住，要有美感地擺放）。最後再淋上一匙醬汁，並撒上一些芝麻裝飾。

甜洋蔥生薑醬

¼顆洋蔥

1截1公分的生薑，去皮

100毫升（將近½杯）的醬油

25克細砂（特砂），或粗砂糖（原糖）

少許的現磨黑胡椒粉

綜合沙拉

200克的綜合生菜葉——由於醬汁口味偏甜，所以我喜歡搭配一些略帶苦味的葉菜，像豆瓣菜（西洋菜）、芝麻菜、紫菊苣、苦苣，或者普通的生菜也不錯

2顆番茄，每顆切成8等分，或是1把的小番茄，每顆對切成兩半

½根小黃瓜，斜切成薄片

1把切成薄片的櫻桃小蘿蔔、甜椒、酪梨，或任何其他你想要放到嘴／沙拉裡的蔬菜

少許的熟芝麻，裝飾用

日式馬鈴薯沙拉

JAPANESE POTATO SALAD

4人份

在某些領域，「日本」就是「頂尖」的代名詞，比方說顧客服務、鐵路、便當、復健機器人、卡拉OK機、在無常與不完美的傷感中發現美。

我還想在這份清單上加上馬鈴薯沙拉——日本的馬鈴薯沙拉簡直是人間美味。我在這邊先向那些從來沒有吃過的人說明一下，日式馬鈴薯沙拉有三樣關鍵食材：鹹香的配料（比如火腿和味精）、切成薄片的鮮脆蔬菜，以及略微攪拌至幾乎呈泥狀的馬鈴薯，口感如奶油般輕盈爽口。

順帶一提，如果你能買到日本的丘比沙拉醬（這個牌子的沙拉醬非常可口），你完全可以用它來取代我在下面提供的美乃滋食譜。

難　度

絕對比你做過的
其他馬鈴薯沙拉
來得簡單

¼根小黃瓜

½根紅蘿蔔，去皮

適量的鹽

100毫升（½杯）的醬油

500克的馬鈴薯——與大多數的馬鈴薯沙拉不同，質地鬆軟的品種效果最佳，比如梅莉斯吹笛手（Maris Piper）或愛德華國王（King Edward）

12顆鵪鶉蛋

6根酸黃瓜

2片火腿，總共約60至70克

¼茶匙的高湯粉

¼茶匙的芥末

少許的現磨胡椒粉

½把蝦夷蔥，切成蔥花

作　法

將小黃瓜和紅蘿蔔縱向對切，然後切成非常薄的薄片——如果有刨絲器也可以使用（小心手指！），撒上鹽，靜置約20分鐘軟化，接著用冷水沖洗以洗去多餘的鹽分。

與此同時，將馬鈴薯去皮並切成3公分厚的厚片，就像準備烤馬鈴薯時那樣。把馬鈴薯放入鍋中，倒入約2.5公分深的水，並加入一大撮鹽巴。開中火，煮到可以用刀尖輕鬆刺穿馬鈴薯後，用漏勺撈出（先不要倒掉煮馬鈴薯的水），在一旁靜置至乾透且完全冷卻。

將鍋中的水煮至沸騰後，放入鵪鶉蛋，3分鐘後起鍋，並浸入冷水中降溫。剝掉蛋殼，將鵪鶉蛋對半切開。接著將小黃瓜切丁，火腿切細條。

將沙拉醬、高湯粉、芥末、黑胡椒和一小撮鹽攪拌均勻，再用叉子或結實的攪拌器，將上述調味料與煮熟並冷卻過後的馬鈴薯，以不必要的粗暴手法完全混合——你需要把馬鈴薯搗碎，直到一半的馬鈴薯呈泥狀，使沙拉具有鬆軟綿密的口感。接著加入小黃瓜、紅蘿蔔、酸黃瓜、火腿和鵪鶉蛋，一邊試吃一邊調整成你喜歡的口味，最後撒上蝦夷蔥。這道料理和日式炸豬排（見118頁）與唐揚炸雞（見59頁）簡直絕配。

甜薑醋高麗菜

CABBAGE WITH SWEET GINGER VINEGAR

4人份

在日本的餐館或酒吧，店家常常會在你坐下時送上一盤免費的小菜，藉此表現他們的殷勤好客，同時也讓你在點餐前開開胃。在這些免費小菜中，我最喜歡的就是淋上甜薑醋的高麗菜了。「真無聊，」你可能在想，「下一份食譜，謝謝。」請等一下！如果我跟你說日本的高麗菜又甜又好吃呢？而且搭配的醬汁甚至比高麗菜還要甜、還要好吃！拜託你繼續讀下去，我保證，這份食譜絕對比聽上去的要有趣得多。好，那就讓我來說明一下：高麗菜確實不是最令人垂涎欲滴的食材，但要是你選到了好吃的高麗菜，再淋上這款醬汁，那麼它離這個境界也不遠了。

作　法

將醋、味醂、糖、薑片、醬油和高湯倒入鍋中，小火煮至沸騰。關火後靜置20分鐘，接著取出薑片扔掉。加入豬排醬、番茄醬或棕醬，攪拌均勻。將高麗菜切成適口大小，淋上甜薑醋，最後以芝麻點綴。

難　度

簡單到離譜

80毫升（⅓杯）的醋

3茶匙的味醂

10克的細砂（特砂）

30克的生薑，切薄片（無需剝皮）

2茶匙的醬油

2茶匙的日式高湯

1茶匙的日式豬排醬（見180頁），番茄醬或棕醬

½顆高麗菜（甜心高麗菜、尖頭高麗菜、平頭高麗菜）

少許的熟芝麻，裝飾用

DAIGAKU IMO

蜜漬地瓜塊

CANDIED SWEET POTATO WEDGES

4人份

這道料理的日文叫做「大学芋」（daigaku imo），意即「大學地瓜」，因過去在手頭拮据又不會做飯的大學生之間廣受歡迎而得名——不僅食材便宜，製作起來也十分容易，鹹鹹甜甜的滋味更讓它成為一種令人食指大動的點心。不過，這道料理最棒的一點，在於它的用途廣泛：它可以單吃，可以作為一道配菜，甚至還可以當成飯後甜點。如果你買得到的話，可以使用紫地瓜，它的口感比較扎實，但要是買不到，用紅地瓜也一樣美味。

作　法

在一個夠大夠深的煎鍋中倒入食用油，油量不必多，稍微蓋過鍋面即可，接著開中火加熱。油熱了之後，就將地瓜放入鍋中，不時翻面約8分鐘，直到地瓜內部變軟，外表呈金黃色。

同時，在另一個能放入所有地瓜塊的鍋中，將砂糖、金黃糖漿、醬油和檸檬汁以小火加熱，直到糖漿融化、冒泡。待地瓜煎好後，就用漏勺將地瓜塊撈起，放入糖漿中拌勻。

關火，將地瓜塊平鋪在一個抹了薄薄一層奶油的烤盤上，撒上芝麻、海鹽和檸檬皮，稍微放涼後即可享用。

難　度

這道料理是為大學生設計的，
意思就是：一點也不難

少量的食用油

2顆大地瓜（每顆300至350克），洗淨，滾刀切成適合大小

4茶匙的砂糖，最好是（特細）貳砂或紅糖

2茶匙的金黃糖漿（淡糖蜜）

1茶匙的醬油

1顆青檸的檸檬汁，和磨碎的檸檬皮

1茶匙的黑芝麻，搗碎

少許的海鹽

番茄沙拉拌辣柑橘醬

TOMATO SALAD WITH SPICY PONZU

4人份

知道「旨味（鮮味）」（umami）是什麼的人，請舉手！

（許多人舉起了手。）

好，現在，真的知道「旨味」是什麼的人，請舉手！

（眾人露出尷尬的笑容，眼神開始遊移，不少人默默把手放下。）

那就容我來向各位解釋吧！旨味是一種基本味道，你可能聽說過酸、甜、苦、鹹——這是我們從小就知道的四種基本味道——可是如今我們了解到至少還有一種，那就是旨味。旨味是一種鮮美鹹香的味道，一九〇八年由日本化學家池田菊苗發現，後來被正式列為五種基本味道之一。我們之所以使用日文來指稱這種味道，是因為它最初是由一個日本人發現的，並不是因為它是日本獨有的。那麼，為什麼我們到現在才學到這個概念，比日本晚了將近一整個世紀呢？有一部分的原因是因為相較於其他四種味道，旨味的概念比較微妙，且難以定義。至於其他四種味道，則相對明確直接——旨味比較像是背景音樂，而不是旋律，相較之下，它反而更接近一條低音線。可是對於美食而言，它卻是不可或缺的，這也是為什麼世界各地的文化都那麼推崇能夠放大旨味的食材，比方說日本的高湯和醬油，英國的起司和培根，義大利的番茄和紅酒（這僅僅是少數幾個例子）。

旨味既不是日本美食特有的，也不是透過其他味道達到完美平衡，從而形成的某種神秘的終極滋味——這是我經常聽到的一種說法。旨味是普遍存在的，而且很容易融入料理之中，尤其當旨味物質融合在一起，會產生互相加乘的效果，能讓料理的風味變得豐富，令人回味無窮。

有一個體驗這種旨味非常簡單的方法，那就是把番茄和醬油拌在一起。這兩種食材本身都具有十分強烈的旨味，但是它們搭配在一起就像是兩種旨味雙雙墜入愛河，能夠把彼此濃郁的甜味激發出來。這份食譜在此基礎上又加入了一點柑橘味，藉此帶出番茄的香氣，以及一丁點的辣味，操作步驟非常簡單，卻是極致美味。

作　法

將柑橘醬油、辣椒醬、砂糖和芝麻油拌勻，直到砂糖溶解。再將番茄倒入拌好的醬料中—— 你可以就這樣直接享用，不過浸泡一段時間會更入味（1小時即可，但過夜更好）。端上桌前，只需將番茄裝盤，並撒上蝦夷蔥、芝麻和羅勒葉（非必要）。

難　度

簡單到
讓人無地自處

200毫升（將近1杯） 的柑橘醬油（見174頁）

1茶匙塔巴斯科辣椒酱（Tabasco），或是拉差辣椒醬，或其他味道類似的辣椒醬（用量可依照口味調整）

10克細砂（特砂），或粗砂糖（原糖）

2茶匙的芝麻油

500至600克的番茄，切對半或四等分——最好可以盡量混合不同大小和顏色的番茄

1把蝦夷蔥，切成蔥花

½茶匙的熟芝麻

10至12片新鮮羅勒葉，用手撕成小片（非必要）

ZAKKOKU-MAI

雜糧飯

MULTIGRAIN RICE

約1公斤生米

難　度

不怎麼難

每次我回到日本，我就會想起在那裡平淡瑣碎的日常點滴。也正是這些日常細瑣的小事，讓我的外派生活變得如此豐富有趣，例如電車關門前響起的歡快曲調，在便利商店裡販售的詭異解酒飲料，以及普通超市裡的常備商品——我說的不是新鮮柚子或刺身級黃尾鰤那種令人興奮的東西，而是當地人習以為常的平凡食材，比方說「雜穀米」（zakkoku rice）。

「雜穀」，即混合多種穀物之意，而「雜穀米」則是日本白米混合各種種籽、穀物與豆類。其實我待在日本的時候不怎麼常吃雜糧飯，因為我實在太愛吃白飯了，而且白飯在日本到處都有。不過，我每次吃雜糧飯的時候都覺得很好吃。如今，我對於奇怪的穀物更感興趣，比如布格麥、小米，還有（上帝保佑我）藜麥。所以，我現在在家都會做一大鍋雜糧飯，以便隨時滿足我對米飯的渴望。如果你找不到其中的某些穀物（一般來說應該不至於），你完全可以直接跳過它們。

500克（2½杯）的日本米

100克（½杯）的翡麥

100克（½杯）的藜麥（我很喜歡紅藜麥，不過只是因為顏色漂亮而已）

100克（½杯）的蕎麥

100克（½杯）的布格麥

50克（½杯）的燕麥片

25克的亞麻籽

25克的熟芝麻

作　法

將所有食材放入一個有蓋子的容器，蓋上蓋子搖勻。烹飪時，每個人取75克雜穀米（但一次的總量不要少於150克，否則會導致米飯受熱不均），倒入一個有鍋蓋的小鍋中，且鍋蓋的密封性要好。在鍋中加水，水和米的比例為1.5:1——舉例來說，如果你要煮150克的米，你就需要加225毫升的水。將水煮沸後便蓋上鍋蓋，轉小火燜煮18分鐘。熄火後，用叉子或筷子將飯翻鬆，然後重新蓋上鍋蓋，再燜5分鐘即可上桌。

醬燒蒜香奶油菇

PAN-ROASTED MUSHROOMS WITH SOY-GARLIC BUTTER

4人份

蕈菇、醬油、大蒜、奶油——如果這四樣東西不能打動你，我不確定我們還能不能做朋友。

作　法

把菇處理成適口大小：如果是秀珍菇，我會直接用手撕成小塊；如果是洋菇或蘑菇，我會對半切；如果是波特菇，我會把它切成8等份。

將植物油倒入寬底的煎鍋（平底鍋）中，以中高火熱油，接著將切好的菇放入鍋中。如果可以的話，盡可能將它們平鋪於鍋面，好讓每一塊都能煎出漂亮的顏色（可能需要分成好幾批）。待每一塊都煎到質地柔軟，並出現誘人的色澤時，就能將它們從鍋中取出，然後把火調小，放入奶油與大蒜。大蒜要用小火慢煎——仔細地、小心地煎——直到大蒜變軟並開始焦糖化。倒入醬油，再將剛剛煎好的菇重新放入鍋中，拌炒加熱，最後撒上黑胡椒，也可以依照需求倒入少量的松露油。

難　度

我可以滔滔不絕地向你說明
這份食譜有多麼簡單，
但我沒時間在這裡跟你「蘑」蹭了

400至500克的菇類——任何一種菇都可以，但我認為秀珍菇最適合用來製作這份食譜

1茶匙的植物油

100克（將近1條）的奶油

12瓣大蒜，去皮，拍扁，粗略切碎

3茶匙的醬油

少許的現磨黑胡椒粉

幾滴松露油（非必要）

甜味噌蕪菁

SIMMERED TURNIPS WITH SWEET MISO SAUCE

2至4人份

難　　度

非常簡單

4顆大的，或8顆小的蕪菁

400至500毫升（1½至2杯）的日式高湯

1大撮的鹽

100毫升（將近½杯）的甜味噌醬（見173頁）

我很喜歡蕪菁，對於如此常見又普通的食材來說，它的味道卻出乎意料的奇怪，就像櫻桃小蘿蔔和高麗菜的混血兒。煮熟之後，它吃起來可能會有些無聊，不過這份食譜透過將食材放入高湯細火慢燉，以及淋上風味濃郁的甜味噌醬，從而解決了這個問題。

作　　法

如果蕪菁上還有莖葉，先將莖葉切除，僅留距離根部最近的1至2公分。將莖葉洗淨，並削去根部的外皮。如果是小顆的蕪菁就對半切，如果是大顆的則切成4等份。

以大火將高湯煮滾，接著加入鹽巴。將莖葉放入滾水中汆燙，隨後用漏勺撈起，以流水沖洗冷卻。將蕪菁放入高湯中，以小火燉煮至稍微變軟，但中心還保有脆脆的口感。5分鐘後檢查一次，接著每隔2到3分鐘反覆檢查。煮好後瀝乾（若有需要，也可將高湯留作他用），最後淋上甜味噌醬，即可上桌。

NASU DENGAKU

味噌烤茄子

SWEET MISO-GLAZED AUBERGINE

4人份

難　度

簡單到
你會忍不住想
你以前為什麼從來沒做過

2根茄子

適量的食用油，油煎用

120至150毫升（½至⅔杯）的甜味噌醬（見173頁）

熟芝麻，裝飾用

我認識的很多人都告訴我，這道料理是他們最喜歡的經典日式料理之一，這讓我覺得非常高興。這道菜看起來不像壽司那樣吸引人，也不像拉麵那麼豐富，它甚至還有那麼一點「醜」。正因如此，我很高興有人喜歡這道料理——它沒有人們通常期待日式料理會有的那種矯飾或賣弄，它有的只是濃郁而又純粹的美味：綿密軟嫩的茄子，配上具有焦糖香氣的味噌醬，實在是膾炙人口。

作　法

將茄子縱切成兩半，在果肉上劃出菱形格紋，約5公厘深（這樣就能保證茄子熟透，並充分吸收醬汁）。

在深煎鍋（平底鍋）中倒入食用油至1公分深，以中火熱油。接著放入茄子，兩面各煎5分鐘，直到果肉呈褐色且質地柔軟，外皮變得光滑酥脆。將茄子從油鍋中小心取出，放在廚房紙巾上吸去多餘的油脂。

用湯匙在每一片茄子的果肉上塗一層甜味噌醬，然後放在烤網上烤5到10分鐘，直到醬料開始冒泡，轉為棕色，並完全滲進茄子的果肉。最後用熟芝麻裝飾，即可享用。

配
菜

2
一品料理

本章的食譜都是一些小巧的菜品，雖然無法自成一餐，但是它們可以互相組合，或與其他主菜，或是前一章的料理做搭配，組成一份完整的餐食。基本上，本章的一道菜品+沙拉／蔬菜+白飯+味噌湯（或是類似的組合）=一頓美味的日式晚餐。

日式煎餃

GYOZA

約40顆煎餃

它是義大利餃的遠方親戚，是酥皮點心失散多年的同父異母的兄弟，是恩潘納達餡餅（empanada）相隔兩代的姪孫。是的，日式煎餃正是這個遍布全球的貴族世家的一份子——這個家族的所有成員都擁有鮮美多汁的肉餡和層次豐富的麵皮——不過跟它們最接近的，還是中式餃子（事實上兩者幾乎難以區別），尤其是鍋貼。日式煎餃與它這位中國祖先的最大差別，在於麵皮的厚度：日式煎餃的餃子皮通常擀得和義大利麵一樣薄，而中式餃子的餃子皮則稍微厚實一些，但不論是哪一種，吃起來都非常美味。

在家自製日式煎餃既有趣又簡單，尤其是如果你能買到現成的餃子皮的話——有些東亞超市會賣冷凍的餃子皮。這樣你就只要準備餡料，包餃子，最後將它們煎熟即可。不過就算你買不到餃子皮，這道料理也不會很難，只是需要花多一點時間和精力罷了。如果你打算自己一個人做，包餃子是一項重複性極高的工作，能讓人沉浸在一段愉快的冥想時光中，但我更喜歡找個夥伴一起，一方面可以更快完成任務，另一方面也能讓包餃子變成一種好玩又具社交意義的活動。在日本的大型聚會上，經常能看到一群老奶奶圍坐在桌邊，一邊包餃子，一邊聊八卦的景象。

作　法

先來製作餃子皮。將麵粉和鹽巴篩入一個調理碗中，接著將熱水分次慢慢倒進麵粉，同時一邊用湯匙或矽膠刮刀混合均勻。重複上述步驟至熱水全部用完，然後開始用手揉麵；當麵團成型時，麵團應柔軟而不黏手。先在工作檯上撒一點玉米粉，放上麵團揉麵10分鐘，直到麵團變得光滑細膩。如果家裡有附揉麵勾的攪拌器，當然也可以拿出來用，但請你務必要用手檢查，確保麵團是柔軟且乾燥的。

將麵團擀成兩條粗圓的棍狀，直徑約3公分。用保鮮膜將兩條麵團包起來，放進冰箱靜置鬆弛30至60分鐘。接著拆掉保鮮膜，在工作檯上多撒一點玉米粉，把麵團切成約1公分的小塊——每條麵團應該可以各切出20個小塊。

用手將麵團塊捏成小球，再用沾滿玉米粉的擀面棍將每一顆小球擀平。試著將麵皮擀成極薄的圓片，但又不至於太薄，導致接下來的步驟太難操作——1公厘是最理想的，但2公厘也完全沒問題。事實上，3公厘也行，只要根據自己的能力盡量擀薄就好！

在餃子皮上撒上玉米粉，接著將它們疊在一起，最後用一塊乾淨、微濕的茶巾把它們蓋住，以防止麵皮的水分蒸發變乾。噢，就算它們不是完美的圓形也不必擔心——你依然可以在包餃子的時候調整它們的形狀。如果不會立刻使用，你可以先用保鮮膜把它們蓋起來，放進冰箱，大約可以保存三天左右。

難　度

其實不難
但可能需要練習幾次
——千萬別氣餒！！！

適量的食用油，煎餃子用

適量的醬油、生薑和辣椒油，用作蘸醬

餃子皮

280克（2大杯）的中筋麵粉

½茶匙的鹽

120毫升（½杯）的剛煮滾的水

適量的玉米粉（玉米澱粉），防止沾黏用

餡料

500克的豬絞肉——不要用純瘦肉

½根韭菜，去除腐葉與根部後切碎

一截2公分的生薑，去皮，切末

¾茶匙的鹽

6至10瓣大蒜（取決你的喜好），切末

½茶匙的胡椒粉

（黑胡椒也可以，但白胡椒更好）

接著來製作餡料，用雙手將豬絞肉、韭菜、薑末、蒜末、鹽和胡椒混合均勻。沒錯，這樣就完成了。

包餃子和煎餃子：

首先，你需要準備以下物品：1個小湯匙、1碗水、1或2個鋪了烘焙紙且撒上玉米粉的托盤，和1個有鍋蓋的不粘煎鍋（平底鍋）。

現在讓我們來包餃子吧！

1. 每次在工作檯上鋪6張餃子皮。
2. 用小湯匙取少量餡料，放在餃子皮中間。
3. 一根手指沾水，均勻塗抹於餃子皮外圍。
4. 將餃子皮放在手心（雙手應保持乾淨且乾燥的狀態），對折並固定中心點。
5. 先將餃子的其中一側捏合，同時擠出內部空氣。
6. 再將餃子的另一側捏合，完成封口。
7. 將封好的邊壓出3至5摺，做出一個漂亮的小包裹（注意：餃子不是非得外觀漂亮才好吃）。
8. 將餃子排好擺在托盤上。
9. 重複以上步驟，直到用完所有的餡料和餃子皮。（如果餡料和餃子皮都剛好用完，你就是名副其實的餃子大師；但要是最後有多出來的餡料，就給自己做一、兩顆肉丸吧！來吧，這是你應得的！）

現在是最有趣的部分：煎餃子。煎餃子的過程，其實是「蒸」與「煎」兩者同時進行。訣竅在將底部煎得酥脆可口，頂部則蒸得軟嫩柔韌。

在不沾鍋中倒入一點食用油（1茶匙左右），開中火熱油。將餃子成排放入鍋中，或擺成環狀，然後煎至底部呈金黃色——大概需要3至5分鐘。在不翻動餃子的情況下，在鍋中加入50毫升的水，接著蓋上鍋蓋，蒸5分鐘左右，直到餃子熟透，且大部分水分都已蒸發。

（如何辨別餃子是否熟透：輕輕戳一下餃子頂部，若觸感硬實，則代表已經煮熟。如果你的餃子皮夠薄，你甚至可以透過餃子皮來觀察內餡，若絞肉從粉紅轉為淺灰色，那就表示餃子已經煮熟。）

最後等剩餘的水分完全蒸發，以確保餃子底部的口感酥脆。完成後，就用鍋鏟將餃子從鍋中小心取出，或是直接倒在一個平底的大盤子上。享用時可搭配一點醬油、醋，或許還可以（一定要）再加上一點辣椒油。

噢，順帶一提：在日本吃煎餃沒配啤酒可是犯法的喔，因為它們實在太搭了！

唐揚炸雞

日式炸雞塊

JAPANESE FRIED CHICKEN

4人份

在日本，炸雞似乎隨處可見：不僅肯德基的分店多到嚇人，還有日本自己的炸雞——唐揚炸雞。你可以在超商、拉麵店、自動販賣機、百貨公司的美食街、學校食堂、超市、路邊攤、居酒屋（提供餐點的小酒館）、車站站內的小店……基本上，凡是有販售食物的地方，你都能找到炸雞。炸雞在日本超級受歡迎——為什麼不呢？它是那麼的可口，那麼的且酥脆多汁，一方面精緻巧妙，同時卻又簡單純粹。

作　法

首先是調製醃料的部分，將所有食材倒入食物調理機中打碎，直到沒有大塊的食材（不需要完全打成液體）。

將雞腿切成厚度不超過3公分的塊狀——大部分的雞腿可切成4塊，但較大的可切成5到6塊。有一點需要注意的是，因為雞肉必須在麵衣燒焦前快速炸熟，所以基本上雞腿最好切小塊一點。將雞肉放入醃料中，確保每一塊都均勻裹上醃料，然後放入冰箱靜置至少1小時，最長不超過48小時。

若是使用調味好的麵粉，只需要將食材全部拌在一起，直到所有調味料均勻混合。

接下來是炸雞肉的部分，在一個夠深夠大的單柄鍋中，倒入至少1公升（4杯）的食用油，同時確保油位不超過鍋壁的一半，接著將油加熱至不超過170℃（340°F）。將雞肉從醃料中取出，瀝掉多餘的醬汁，接著裹上玉米粉或有調味的麵粉，確保每個角落和細縫都有裹到麵粉——這樣可以讓麵衣盡可能變得酥脆，同時避免燒焦。將雞肉分次放入油鍋，並定時檢查油溫是否維持在160℃（320°F）和170℃（340°F）之間，每一批雞塊的油炸時間約為6至8分鐘。如果你有肉類溫度計，請使用它：只要內部溫度達到65℃（149°F），雞肉就熟了。或者用刀切開最厚的雞塊，如果裡面還是粉紅色的，就放回鍋裡多炸一會，如果裡面不是粉紅色的，就代表唐揚炸雞完成了！

將炸好的雞塊放在廚房紙巾上，如果你沒有使用有調味的麵粉，可以在最後撒上一點鹽巴和胡椒。使用這種方式製作而成的雞塊非常多汁，甚至不怎麼需要蘸醬，不過搭配美乃滋、柑橘醬油（見174頁），或是單純蘸點醬油和檸檬汁，也十分美味。

難　度

考慮到這或許是
世界上最美味的炸雞，
這份食譜就一點也不難

4隻雞腿，去骨帶皮

適量的玉米粉（玉米澱粉），用作麵衣（若不使用有調味的麵粉，則可以其取代）

適量的食用油，油炸用

醃料

100毫升（將近½杯）的清酒

3茶匙的味醂

3茶匙的醋

3茶匙的青檸汁

2茶匙的是拉差醬，或是其他類似的辣椒醬

2茶匙的醬油

1茶匙的芝麻油

10瓣大蒜，去皮

4顆紅蔥頭，或2顆香蕉洋蔥，切塊

15克的生薑，去皮，切薄片

½茶匙的鹽

¼茶匙的胡椒

調味的麵粉（非必要）

250克（2½杯）的玉米粉（玉米澱粉）

1茶匙的胡椒粉

1茶匙的鹽

1茶匙的熟芝麻

½茶匙的高湯粉

¼茶匙的辣椒粉

¼茶匙的生薑泥

IKA-YAKI

烤魷魚

GRIDDLED SQUID

4人份

難　度

超級簡單

當我在市場看見新鮮肥美的魷魚時，我總會忍不住在餐廳推出這道當日限定的料理。這道料理雖然簡單，卻十分美味，醬油和煎盤（或煎鍋）煎出來的焦香，大大提升了新鮮魷魚的天然旨味。這道菜也是很棒的下酒菜。

- 4隻中型魷魚，含觸手約12至16公分長
- 100毫升（將近½杯）的醬油
- 100毫升（將近½杯）的清酒
- 25克的細砂（特砂）
- 1茶匙的食用油
- 4茶匙的辣椒油（用量依口味調整）
- ½顆檸檬，切瓣

作　法

首先要清理魷魚，或者你也可以請魚販代勞：切下頭部，保留觸手，去除內臟，拔去軟骨，並撕掉外皮。

將醬油、清酒和砂糖攪拌均勻，直到砂糖溶解。

我發現製作這道料理時，最好使用兩個煎鍋（平底鍋）。用廚房紙巾在第一個鍋的鍋面抹上一點油，然後兩個鍋都以高溫加熱。在第二個鍋中倒入少量食用油，等到油變得非常、非常燙時，就將魷魚筒和觸手小心放入鍋中。這時，將第一個煎鍋直接壓在魷魚上，兩面同時加熱。用這種方式煎3至4分鐘後，即可掀開上面的煎鍋，並加入醬汁。

隨後再煎2到3分鐘，直到醬汁收乾至只剩下薄薄的一層，且魷魚熟透。將魷魚在醬汁中翻面數次，接著取出放到砧板上。將魷魚筒切成環狀，並將鍋中剩餘的醬汁淋在魷魚上，最後以辣椒油與檸檬點綴，即可上桌。

EBI-FURAI

炸蝦佐七味美乃滋

FRIED PRAWNS WITH SHICHIMI MAYO

4人份

英國的許多餐廳都將這道料理誤稱為「prawn katsu」（炸蝦排），這是個低級的錯誤，因為「katsu」在日文的意思是「肉排」。在日本，「prawn katsu」是一種像炸肉排那樣的、表面裹了麵包粉的油炸蝦餅——如果是以同樣手法處理的一整隻完整的蝦子，則叫做「ebi furai」，直譯即「炸蝦」，但我想也許是因為它聽起來不夠日本，或是什麼其他原因，所以英國的餐廳才會使用別的名稱。不過，這道料理聽起來夠不夠日本，或者要叫它什麼名字，這些都不重要，重點是它們非常美味，就這麼簡單。

作　法

用刀子在蝦腹輕輕劃幾下，以防止蝦子在油炸的過程中捲起來。用一點鹽巴調味，接著依次裹上麵粉、蛋液，和麵包粉。

這道料理可以使用油煎或是油炸的方式處理。如果選擇油煎，在煎鍋（平底鍋）中倒入深度約3公厘的食用油，以中高火加熱，將蝦子每面各煎2至3分鐘。

若是選擇油炸，則在一個夠大夠深的單柄鍋（或湯鍋）中倒入食用油，油位不超過鍋壁高度的一半。將油加熱至190℃（375°F），油炸約4到5分鐘，然後從鍋中取出，放到廚房紙巾上吸去多餘的油脂。

將七味粉拌入美乃滋。裝盤時，將蝦子稍微靠在生菜上，最後挖一勺美乃滋放在盤子邊緣即可。

難　度

簡單到
覺得荒謬

16至20隻草蝦，去殼，去泥腸（如果你想要的話，可以保留頭和尾巴）

適量的鹽巴

適量的中筋麵粉

2顆雞蛋，打成蛋液

200克（4¾杯）的麵包粉

適量的食用油，煎炸用

2茶匙的七味粉（見178頁）

150克的美乃滋

1顆迷你羅馬生菜，切成4等份

KANI KURIMU KOROKKE

蟹肉奶油可樂餅

CRAB CREAM CROQUETTES

16至20個可樂餅

無論是從味道還是從烹飪技巧來說，這些小小的海鮮餅都不算特別「日式」，但它們卻是許多居酒屋（有提供食物的小酒館）菜單上經常出現的菜品。而這其實也很合理，因為它們不僅適合分食，還很下酒，滋味更是好得沒話說。

你可以用任何一種蟹肉來製作這道料理——包括蟹味棒——不過我的建議是將蟹身的白肉與蟹腳蟹螯的蟹肉，以一比一的比例混合使用，以便同時兼顧成本和味道。很多超市和傳統市場的魚販會將兩種蟹肉混合在一起，裝在罐子裡販售。相比蟹身的白肉，蟹腳蟹螯的蟹肉擁有更為濃郁迷人的風味。

作　法

在單柄鍋中將奶油融化，隨後加入洋蔥，將洋蔥炒軟。倒入麵粉，以中小火加熱，不斷拌炒至麵糊散發出香氣，且外表呈琥珀色。此時緩慢穩定地倒入牛奶，同時不時攪拌，接著加入鮮奶油或酸奶油，加熱至小滾。拌入蟹肉、鹽巴、胡椒粉和辣椒粉，然後邊試吃邊依照自己的喜好調味。

繼續煮白醬約5分鐘左右，期間不時攪拌，直到白醬變得非常濃稠。將白醬倒入容器，放入冰箱，直到白醬完全冷卻。

當蟹肉白醬完全冷卻，它會凝固成一種濃稠的糊狀。在手上抹一點油，取一團麵糊，將之捏成長5公分、寬2.5公分左右的可樂餅（日本的可樂餅比一般西班牙的可樂餅來得大，形狀也更接近橢圓）。

將可樂餅放入麵粉中裹粉，一次可以放3、4個，直到麵粉完全覆蓋可樂餅表面。接著將它們浸入蛋液，再將它們裹上麵包粉，確保表面完全包覆（小訣竅：可以用漏勺或叉子將它們從蛋液移至麵包粉中，這樣你的手就不會弄得黏糊糊的）。

將可樂餅放到一個托盤上，將它們再次放入冰箱冷卻15至20分鐘，好讓可樂餅在下鍋油炸之前變得更緊實一些。如果你沒有打算馬上進行下一步，你可以先把托盤冰冷凍，等到可樂餅變硬以後，再將它們放入一個密封的容器裡，這樣它們就能在冷凍櫃裡保存好幾個月。

在一個夠大夠深的單柄鍋（或湯鍋）中倒入食用油，油位不超過鍋壁高度的一半。如果可樂餅是從冷藏拿出來的，就將油加熱至180°C（350°F）；如果可樂餅是從冷凍拿出來的，則將油加熱至160°C（320°F）。將可樂餅輕輕放入熱油中，油炸6至7分鐘（若是冷凍的狀態則需要更長的時間），直到麵衣呈金黃色。在油炸的過程中或許需要翻面一次，以確保上色均勻。接著用漏勺將可樂餅從油鍋中取出，放至廚房紙巾上吸去多餘的油脂，最後撒上蝦夷蔥裝飾，並附上柑橘醬油或豬排醬，即可上桌。

難　度

做起來可能有些繁瑣，但並不困難

60克（½條）的奶油

1顆洋蔥，切丁

6茶匙中筋麵粉，外加用於裹粉的量

450毫升（1¾杯）的全脂牛奶

3茶匙的鮮奶油或酸奶油

200克的蟹肉（可以只使用蟹身白肉或蟹味棒，也可以混合蟹身白肉、蟹味棒，和／或蟹腳蟹螯肉）

適量的鹽

適量的現磨胡椒粉

少許的辣椒粉

2顆雞蛋，打成蛋液

250克（將近6杯）的麵包粉

25克的細砂（特砂）

約1公升（4杯）的食用油，油炸用

½把蝦夷蔥，切花，裝飾用

適量的柑橘醬油（見174頁）或豬排醬（見180頁），用作蘸醬

SATSUMA-IMO KUROGOMA KOROKKE

芝麻地瓜可樂餅

SWEET POTATO AND SESAME CROQUETTES

12至16個可樂餅

日式可樂餅不常使用白醬，反而更常以馬鈴薯作為基底。我個人也比較傾向這種作法，理由有兩個：一、使用馬鈴薯比使用白醬更容易製作；二、馬鈴薯比白醬更美味，尤其使用地瓜的話，風味又更佳。可樂餅既能作為主食，也能作為配菜，現在仔細想想，如果在上面加一球冰淇淋，再淋上楓糖漿，它甚至還能當做甜點……

作法

將地瓜放入鍋中煮至稍微變軟，撈起放涼，自然風乾。加入鹽巴和一半的芝麻後搗成泥，若此時地瓜泥還有一點熱度，就放入冰箱至完全冷卻。

將剩下的芝麻和麵包粉混合在一起，冷卻的地瓜泥捏成可樂餅的形狀，長約5公分，寬約2.5公分。將可樂餅放進麵粉，一次可以放3或4個，直到可樂餅的表面完全覆蓋，隨後將它們浸入蛋液，再將它們裹上混合了芝麻的麵包粉，確保表面完全包覆。

在一個夠大夠深的單柄鍋（或湯鍋）中倒入食用油，油位不超過鍋壁高度的一半。將油加熱至180℃（350℉），油炸約5分鐘，直到可樂餅呈金黃色，就將可樂餅放到廚房紙巾上吸去多餘的油脂。最後附上豬排醬或柑橘醬油，即可上桌。

難　度

一點也不難。
你是誰？
芝麻開門！

700克的地瓜，去皮切丁後立刻泡入冷水

適量的鹽

黑白熟芝麻各一匙，搗碎

200克（4¾杯）的麵包粉

適量的中筋麵粉

2顆雞蛋，打成蛋液

約1公升（4杯）的食用油，油炸用

適量的柑橘醬油（見174頁），或豬排醬（見180頁），用作蘸醬

醬燒青蔥雞腿串

CHICKEN THIGH AND SPRING ONION YAKITORI

8串

串燒一直是我在日本最喜歡的美食之一，不僅容易愛上，作法也很簡單，所以我總是想不透為什麼它沒有在英國的餐廳流行起來。不過沒關係——這道料理非常容易在家自製。日本最好的串燒店會依循解剖學的方法來製作，將每隻雞拆解成單一部位的肌肉和內臟，再用精準的溫度和時間烤製，藉此將雞肉的美味發揮到淋漓盡致。如果你也有時間和心力去研究禽鳥的肌肉學，那很棒，但如果你沒有，那你只需要記住：多汁的雞肉+可口的醬汁+高溫烤架=人間美味。

作　法

將雞腿肉縱向對切，接著將兩半各切成4塊。將青蔥切成與雞肉厚度相同的蔥段，然後將雞肉與青蔥交替插在竹籤上：青蔥、雞肉、青蔥、雞肉，以此類推。在竹籤的末端包上鋁箔紙。

最理想的情況是用炭火或柴火來烤，但我們還是現實一點吧，因為你絕對不會這麼做的！至少大部分的人不會。不過沒關係，放在烤箱的鐵架上烤也一樣好吃。把鐵架放在烤箱的上層，距離熱源約10至12公分的位置。

用刷子或湯匙在雞肉串上塗上一層薄薄的日式甜醬油，接著將雞肉串擺在鐵架上。串燒是一道需要悉心照料的料理，而且期間完全要靠你自己動手——不時檢查串燒，翻面，反覆塗醬，並輪換串燒的位置，以確保每一根都有熟透且上色均勻。根據雞腿肉的大小和你烤箱的功率，這道程序總共會花10至15分鐘。待串燒烤好了之後，最後再刷一次醬，然後用芝麻裝飾。請搭配啤酒享用。

難　度

一點也不難

4隻雞腿，去骨帶皮

8枝春蔥（青蔥）

約100至120毫升（將近½杯）的日式甜醬油（見171頁）

1撮熟芝麻，裝飾用

TSUKUNE

雞肉餅

CHICKEN PATTY YAKITORI

8粒

難　度

輕而易舉

4隻無骨去皮的雞腿，去除軟骨

1截約2公分長的生薑，去皮，切末

4瓣大蒜，切末

2枝春蔥（青蔥），切碎，外加1枝切成蔥花，裝飾用

4朵香菇，切小塊（非必要）

1大撮現磨胡椒粉

1大撮鹽

約100至120毫升（將近$\frac{3}{4}$至$\frac{1}{2}$杯）日式甜醬油（見171頁）

「つくね」（tsukune）有時被譯成雞肉餅，有時則被譯成雞肉丸，事實上這兩種情況都有可能，但我更喜歡前者。不知道為什麼，雞肉餅聽起來更鮮嫩多汁，但也許這只是我個人的幻想。噢，而且雞肉餅更容易製作，因為……形狀比較簡單。

作　法

將雞腿肉切成小塊，然後剁成肉末——你可以用手或者用食物調理機來完成這道程序。無論採用哪種方法，都不要切得太碎，以防萬一在捏成肉餅的時候無法成型，變成一團碎肉糊。我們追求的是稍微帶有顆粒的口感。

將鐵架放在烤箱的上層，距離熱源約10至12公分的位置。

將雞肉的肉末與薑末、蒜末、蔥花、香菇、胡椒和鹽混合在一起，接著捏成橢圓形的肉餅，並插在竹籤上。將竹籤的末端包上錫箔紙，用湯匙或甜點刷在肉餅上抹上日式甜醬油。高溫烤製約12至15分鐘，不時將串燒翻面，並反覆塗抹醬料，最後撒上蔥花點綴。

培根蘆筍卷

BACON-WRAPPED ASPARAGUS SKEWERS

約8串

蘆筍的產季並不長，因此如果能找到蘆筍，一定要好好把握。對我來說，再也沒有比製作這道簡單的經典串燒料理更好處理蘆筍的方式了。我說這道料理非常簡單，代表它真的簡單到爆炸。老實說，我甚至覺得為這道料理專門寫一份食譜有點蠢，但它實在是太好吃了，我不能不將它收錄在這本食譜中，就算只是為了告訴你還有這樣一種作法。

作　法

如果蘆筍的底部有點柴，就把底部切掉或用手掰掉。將每根蘆筍切成3公分長，並將每條培根切成6小片。用1片培根包住1根蘆筍，再將之插在竹籤上—— 請將蘆筍緊密地排在一起，以固定培根。

將竹籤末端裹上鋁箔紙，並將串燒放在烤箱上層的鐵架上，烤8分鐘左右，期間需經常翻面。待培根呈褐色，蘆筍略微焦黑時，就代表串燒烤好了。

難　度

就算這道料理真的很難
(而這並非事實)，你也應該試試，
因為它太好吃了

1大把(400至500克)的蘆筍

約15片煙熏斑條培根(streaky bacon，最好選擇乾式醃漬製成的培根)

五花肉串燒

PORK BELLY KUSHIYAKI

約10串

難　度

一點也不難

在英國和美國，我們通常認為五花肉需要以慢燉、燒烤或是長時間悶煮的方式烹製，直到脂肪融解且肉質變得入口即化。不過，其實我們也有一個明顯的例外，那就是斑條培根（streaky bacon）。斑條培根本質上還是以五花肉製成，只是因為切法不同，使得它能夠以快速高溫的方式處理。日式五花肉串燒用的基本上也是這個原理——五花肉被切成非常薄的薄片，使脂肪能夠在炭火上迅速溶解、變脆，而瘦肉的部分依然保持多汁。

300克的五花肉，去皮

1茶匙的鹽

100毫升（將近½杯）的清酒

適量的現磨黑胡椒粉，上桌前撒上

作　法

將五花肉冰進冷凍約半小時——這能讓肉質變緊實，以利切片。用一把鋒利的刀將五花肉切成不超過5公厘厚的薄片。（若店家有切片機，可以請他們幫忙切片，即可略過冷凍的步驟。）

將鹽巴與清酒混合，倒在五花肉上，醃製至少1小時，放冷藏最多可以醃24小時。用廚房紙巾將五花肉擦乾，切成適口大小，然後插在竹籤上。將竹籤末端包上鋁箔紙，放在烤箱中接近熱源的上層，直到脂肪變成深棕色，最後撒上黑胡椒即成。

蒲燒鯖魚

GRILLED MACKEREL, KABAYAKI STYLE

4人份

在日本，蒲燒是最常見的處理鰻魚的方式——將鰻魚切片或切成蝶形，接著插在竹籤上，塗上一層日式甜醬油，烤出外脆內嫩的完美口感。當然，要在英國買到鰻魚並不容易，但是這種手法同樣適用於其他富含油脂、味道濃郁的魚類，例如沙丁魚或鯖魚。

作　法

用一把鋒利的刀在鯖魚的兩側各劃一道，好讓魚肉可以充分吸收醬汁。在烤盤抹上一層薄薄的油，接著將鯖魚放在烤盤上，旁邊放上青蔥。在鯖魚的表面隨意刷上醬汁，並將烤盤置於烤箱的最上層。每隔一分鐘左右就刷一次醬，待鯖魚的表皮變成金褐色（且某些地方有點焦黑）時，即可小心翻面，然後另一面也重複刷醬和烤製的過程（如果青蔥燒焦了，就將之取出）。

當另一面也烤至金黃時，從腹部檢查魚肉是否熟透——若脊骨附近的魚肉呈灰色或白色，就代表魚肉已經煮熟。最後再抹上一層日式甜醬油，旁邊附上檸檬和山椒粉或七味粉（非必要），即可上桌。

難　度

簡單得要命

2尾完整的鯖魚，去內臟

1把青蔥（春蔥），對半切

150毫升（⅔杯）的日式甜醬油（見171頁）

適量的食用油，用於塗抹烤盤，避免沾黏

½顆檸檬，切瓣，上桌時附上

適量的山椒粉或七味粉（見178頁），上桌時附上（非必要）

HIYAYAKKO

奴豆腐

CHILLED TOFU WITH SOY SAUCE, GINGER AND KATSUOBUSHI

2至4人份

這道菜聽起來不像是我會喜歡的東西：淋了醬油的冷豆腐，撒上青蔥（春蔥）、薑末和柴魚片。然而，這些簡單的食材搭配在一起，卻能達到超出預期的效果——讓味蕾得到滿足，口感卻如羽毛般輕盈，讓人忍不住一口接一口。雖說這道料理特別適合在夏天享用，但它其實四季皆宜，而且做起來更是再簡單不過。

作　法

將豆腐對切成4塊，但請避免將豆腐弄散。將豆腐裝在一個淺盤中，在上面淋上醬油，最後撒上薑末、蔥花、柴魚片與芝麻。

難　度

相較於真正的食譜，
更像是單純的組裝過程，
因此非常簡單

1塊板豆腐

1截約3公分的生薑，去皮，磨泥

1枝青蔥（春蔥），切花

4朵香菇，切小塊（非必要）

1小撮的柴魚片

適量的熟芝麻

日式生牛肉

BEEF TATAKI

2至4人份

炙燒是一種很美的烹飪手法：僅將表面用火稍微烤過，使肉類或魚類散發迷人而濃郁的焦香，而內部仍維持生肉的狀態，保持最軟嫩多汁的口感。這樣做不僅結合了兩種狀態各自的優點，而且執行起來非常、非常、非常簡單。順帶一提，這份食譜同樣也適用於鮪魚、劍旗魚、鮭魚，或是任何你能買到肉質鮮美的魚類。

作　法

將清酒和砂糖放入小的單柄鍋中，煮沸後關火，接著倒入醬油，靜置冷卻。

將食用油倒入煎鍋（平底鍋）中，加入大蒜。以中火將大蒜慢慢煎至上色，待大蒜呈金黃色就從鍋中取出，移至廚房紙巾上以吸去多餘的油脂。隨後調高火候，這時的煎鍋應該要宇宙無敵爆炸燙，就像太陽表面那樣。（鍋子的溫度必須非常高，才能確保牛肉表面煎出漂亮的顏色，同時內部又還是生的，或至少是半生半熟的狀態。）

在熱油的同時，一邊用廚房紙巾徹底擦乾牛肉的表面。將牛肉輕輕放入煎鍋中，直到牛肉呈深褐色，接著翻面，確保另一面也煎出相同的顏色。然後將牛肉從鍋中取出，立刻冰進冷凍。

讓牛肉在冰箱冷凍內靜置20分鐘左右，待肉質變扎實，再切成極薄的薄片。將清酒與醬油混合在一起，淋在牛肉上，並以煎過的大蒜、蔥花和芝麻裝飾，最後擺上葉菜和瀝乾的紅蔥絲。

難　度

輕而易舉

60毫升（¼杯）的清酒

15克細砂（特砂），或粗砂糖（原糖）

60毫升（¼杯）的醬油

2茶匙的食用油

2瓣大蒜，切薄片

300至350克的牛排，切成約2.5公分厚的片狀，最好選擇沒有筋的瘦肉，例如菲力、腹脅肉或牛臀肉

¼把蝦夷蔥，切花

適量的熟芝麻

1撮口感微帶辛辣的綠葉菜，比如芝麻葉或西洋菜

1顆紅蔥頭，切絲後浸泡在冷水中

柑橘醬油漬生鮭魚

SALMON TATAKI WITH PONZU AND GREEN CHILLIES

2至4人份

我喜歡生鮭魚的滑嫩口感，和它清甜的鮮味，但我當然也喜歡烤鮭魚那種濃郁的肉香——這道菜將兩者完美結合，再配上酸爽的柑橘醬油與嗆辣的青辣椒，平衡鮭魚的油膩感。

作　法

在烤盤上抹上薄薄的一層芝麻油，再將鮭魚放在烤盤上。以高溫將鮭魚烤至上色，期間需移動魚肉的位置，確保每一片皆上色均勻。翻面，再重複一遍相同的動作。接著將鮭魚取出冷卻，隨後切成薄片，擺放在小盤子上。淋上柑橘醬油，撒上青辣椒與芝麻，最後滴一點辣椒油即成。

難　度

超~級~簡單

適量的芝麻油，用於塗抹烤盤

200克的鮭魚，去骨去皮，如果可以的話，只選用背肉，而非整片的魚肉

100毫升（將近½杯）的柑橘醬油

1根青辣椒，切成極薄的薄片

2茶匙的熟芝麻

幾滴辣椒油，點綴用

壽

司

3

寿司

壽司！日式料理最受歡迎的入門毒藥。每當我告訴人們我是日式料理廚師時，百分之九十九的人都會回答我：「啊！我超愛壽司！」（我都不忍心告訴他們，其實我的餐廳沒有提供壽司——於是我只好微笑頷首，享受著他們對壽司的熱愛。）很多人似乎都對壽司製作的高超技藝印象深刻，但是你知道嗎？實際上自己做壽司根本爆炸簡單！

完全零經驗
也沒有任何專業器具

如

何

製

作

壽司

好了，來說說壽司的真相吧：壽司的作法其實簡單到不行。這意味著任何一點誤差都將無所遁形，如果你想要做出美味的壽司，那麼每一個細節都必須盡可能接近完美。飯必須煮得恰到好處並完美調味，魚肉必須精心挑選並妥善處理，山葵與醬油的比例必須拿捏得當。

前提是……如果你是一家壽司餐廳的負責人。如果你只是在家裡自己做壽司，誰在乎這些呢！？只要好吃就好啦！就算做不出完美的壽司，也不必擔心。只要飯香、魚鮮，調味也符合你的喜好，那就沒問題了。

如果家裡有壽司卷簾——大概是被塞在某個抽屜深處積灰塵吧——請務必拿出來使用。但如果家裡沒有，也千萬不要買！用一條茶巾一樣也能輕鬆完成。

那我們就開始卷壽司吧

!!!

壽司醋飯

SUSHI RICE

約600克（3杯）

壽司醋飯其實就是用米醋調味過的日本米飯，如今這種作法主要是為了增添風味，但原本是因為在沒有冷藏技術的年代，需要用酸和鹽來保存米飯和魚肉。雖然米醋的味道很淡，卻帶出了米飯和魚肉自然的清甜，為調味起到了重要的作用。

作　法

請參考17頁的指示，在滾水中將白米煮熟。在煮飯的同時，將米醋、糖、鹽攪拌在一起，直到糖和鹽溶解。

等白飯煮熟之後，將白飯取出倒在一個大碗或托盤裡，淋上米醋。用飯勺或矽膠鍋鏟將米醋拌入飯中，以「切、拌」的動作拌勻。將拌好的壽司飯倒回鍋中，或裝在一個塑膠容器中保溫——就我個人而言，當壽司飯的溫度比人體體溫稍微高一點時，壽司是最好吃的，因此最好在煮飯的同時，就先將壽司的配料全部準備好，以免拌好的壽司飯在你準備配料時冷掉。

難　度

如果你想要獲得米其林星，那可能有點難度——但如果你只是想要好吃的壽司，就一點也不難

300克（1½杯）的日本米，洗淨

390克（1⅔杯）的水

2茶匙的米醋——是時候該把上好的米醋拿出來用了

2茶匙細砂（特砂），或粗砂糖（原糖）

1茶匙的鹽

如何挑選魚肉

有很多壽司或類似的生魚料理食譜，都會提到一種叫做「生魚片等級」或「壽司等級」的魚。可是問題是……這種分類根本不存在！既沒有國家明文的判定標準，在超市裡也沒有這樣的商品分類，或是魚販標示的分級系統——完全沒有！我曾經看過一些店家將**明顯**不適合生食的魚肉標示為「生魚片等級」，也有超市在販售非常新鮮、非常安全的魚肉時，卻仍貼上「食用前請妥善加熱」標示作為提醒。

簡直是胡搞瞎搞。最關鍵的評斷依據在於，如果是能夠生食的魚，它必須滿足以下條件：一、足夠新鮮；二、從海裡打撈上來，到放進你家冰箱，全程必須低溫保存；三、從漁船到餐桌，期間的每一道程序都必須在乾淨清潔的環境中完成。那麼，鑒於這一切大部分時間都在你的掌控之外，你可以相信誰呢？你有三個可以依賴的對象：

1 你信賴的魚販

獨立的魚販通常都知道他們魚貨的貨源、途中經手的過程，以及漁獲是否新鮮——畢竟要是他們賣的魚不新鮮，可是會直接影響到他們的生意。如果你告訴他們你需要能夠生食的鮮魚，他們絕對不會讓你失望。要是你不確定他們是否值得信任，你可以先在網上確認有關他們食物衛生程度的評價。

2 你不太信賴的超市

大型超市對食品安全的過度重視，已經到了走火入魔的程度，因為任何一點疏失都有可能害他們損失數百萬元在銷毀、罰金和相關支出。魚從捕撈上岸到包裝上架，整個過程皆以低溫保鮮，若是魚肉不新鮮，或僅僅是有可能不新鮮，都會直接遭到丟棄。不僅如此，大型超市的庫存周轉率非常高，包裝上也都有清楚標示保存期限，現在甚至還經常提供商品來源與處理過程的相關資訊。因此，用超市裡賣的魚來製作壽司可說是相當有保障的選擇，只是要注意別挑距離保存期限僅剩一天的即期品！

3 你不那麼信賴的日本超市

日本超市有販售能用來製作壽司的多種魚類的冷凍魚肉——牠們可以生食，這一點是毋庸置疑的，而且品質通常也很好。然而，這類魚肉往往價格不菲，再加上要是你家附近沒有日本超市，交通也不方便。儘管你可以在線上購買製作壽司的冷凍魚，但這也會進一步拉高你的花費。話雖如此，一塊肉質緊實的獅魚，或一塊肥美的鮪魚腹肉確實有它的迷人之處——為了這樣的食材，除了在日本超市的冷凍食品區砸一筆錢之外，也沒有其他辦法。

辣鮪魚卷

SPICY TUNA ROLL

2卷

我之所以選擇這道現代美國壽司店的經典料理，主要是為了展示「卷き寿司」（makizushi）——壽司卷——的製作技巧，因為一旦你學會了，你基本上就可以把任何你想要的食材做成壽司卷。我很喜歡辣鮪魚卷，因為……它們實在是太美味了。雖然談不上是壽司藝術的高峰，但它們大概是最得我心的壽司。

順帶一提，用女王扇貝代替鮪魚，味道也極好。

作　　法

將鮪魚、青蔥、美乃滋、是拉差醬和芝麻攪拌均勻。

準備一碗清水——可以用它來沾濕雙手，以免飯粒黏在手上。將海苔發亮的那面朝下，放在一塊乾燥且乾淨的茶巾或餐巾上。雙手沾濕，甩去多餘的水分，接著用手將飯均勻地鋪在海苔上，在離自己最遠的那一端留出約3公分的空白，作為封口處。

將辣鮪魚餡料鋪在靠近自己這一端的米飯上，離海苔邊緣約有1公分的距離。然後就可以開始卷壽司了。用茶巾將海苔卷起並蓋過餡料，一邊卷一邊輕輕將壽司壓緊。當你卷到海苔最遠的那一端時，用手指沾一點水（只要一點點就好），沾濕剛剛特意沒有鋪飯的那塊區域，然後將整條壽司壓上去封口。如果幸運的話，你應該會得到一條扎實且勻稱完整的辣鮪魚卷。最後用一把鋒利、微濕的刀子將壽司卷切片，搭配吃壽司的標準配備一起享用吧！

難　　度

你有沒有卷報紙打過蒼蠅？
這道料理比那簡單得多——
只有卷的部分，沒有打的部分

100克的新鮮鮪魚，切小塊

2枝青蔥（春蔥），切成蔥花

2茶匙的美乃滋

1茶匙的是拉差醬，或類似的辣椒醬（用量可依照口味調整）

1茶匙的熟芝麻

1片海苔，沿長邊對半剪開

200克（將近2杯）壽司醋飯（見87頁）

鮭魚酪梨黃瓜卷

SALMON, AVOCADO AND CUCUMBER ROLL

2卷

難　度

簡單到讓你無地自容

它其實跟三明治很像，只是以壽司的形式呈現。肥嫩的鮭魚、滑順的酪梨和鮮脆的黃瓜——誰不愛呢？

1 片海苔，沿長邊對半剪開

200克（將近2杯）的準備好的壽司飯（見87頁）

100克的鮭魚，去骨去皮，切成厚1公分的條狀

½顆酪梨，切成5公厘厚的條狀，擠上½顆檸檬的檸檬汁

¼根黃瓜，切成5公厘厚的條狀

適量的山葵（用量可依照口味決定）

作　法

按照辣鮪魚卷的作法如法炮製，只是將鮪魚餡料換成鮭魚、酪梨、黃瓜和山葵。

SHIMESABA OSHIZUSHI

醋鯖魚押壽司

CURED MACKEREL PRESSED SUSHI

12至16貫

壽司卷的作法我們剛剛已經介紹過了，那握壽司（握り寿司，nigiri sushi）呢？握壽司是一種更傳統、更精緻的壽司類型，由一口大小的醋飯和蓋在上面的魚肉組成，確實需要更長時間的練習。不過，還有一種比較冷門的壽司和握壽司長得很像，但不用花四年在東京當學徒——它叫做「押し寿司」（oshizushi），或是押壽司。簡單來説，就是將處理好的魚肉放在醋飯上，然後將兩者輕輕地壓在一起。這時魚肉會緊貼在飯上，接著再將之切成像握壽司一樣的適口大小。在這份食譜中，我是使用醋鯖魚，但是這個技術其實適用於任何一種魚肉。

作　法

在製作這道料理的過程中，你會需要用到一個長方形的容器，一個盤子，或另外一個容器，或一張包著保鮮膜的硬紙板，只要大小能剛好放進長方形容器即可。

將大量的鹽塗抹在鯖魚的兩面，放冰箱醃製至少2小時，至多4小時，然後用水沖掉鹽巴，並用廚房紙巾將魚肉表面的水分拍乾。將魚肉裝進密封袋或另外一個容器中，加入醋和昆布（非必要）。密封後再放進冰箱醃製2小時，至多8小時，接著取出魚肉，用廚房紙巾拍乾，接著輕輕剝掉表面透明的魚皮（從魚頭的那一端剝開，應該會比較容易）。

在長方形容器的底部鋪上保鮮膜，再均勻地鋪上一層醋飯，然後將醋飯壓實。在飯上抹一點山葵，接著將兩條魚肉頭尾相接地放上去，盡量蓋住醋飯表面。將你的盤子／容器／硬紙板放在最上面，然後用力地壓，直到魚肉和醋飯緊密黏合。抽掉保鮮膜，從壽司中間、從兩條魚肉之間切開，將兩邊各切成適口大小的壽司，即可搭配醬油一起享用！

難　度

簡單到
讓你覺得震驚

適量的鹽

2片鯖魚片，去骨，並洗淨所有血漬

150毫升（⅔杯）的醋

1小片昆布，約5公分的方形，快速浸泡於冷水中軟化

240克（近2杯）的壽司醋飯（見87頁）

適量的山葵（用量可依照口味決定）

適量的醬油，用作蘸醬

主菜

4

メインディッシュ

本章食譜的核心價值在於「分享」—— 全都是用大盤子、大碗、大鍋、大托盤、大木板盛裝的熱騰騰的美味料理，適合與家人朋友一起享用。其中有幾道甚至要靠大家的力量共同完成，如此一來，晚餐也會變得更加輕鬆有趣。這些料理和小菜一樣，通常會再搭配一、兩道主食或配菜，例如白飯、味噌湯、漬物或沙拉。不過有幾道菜本身已經足夠豐盛，完全可以單獨享用。

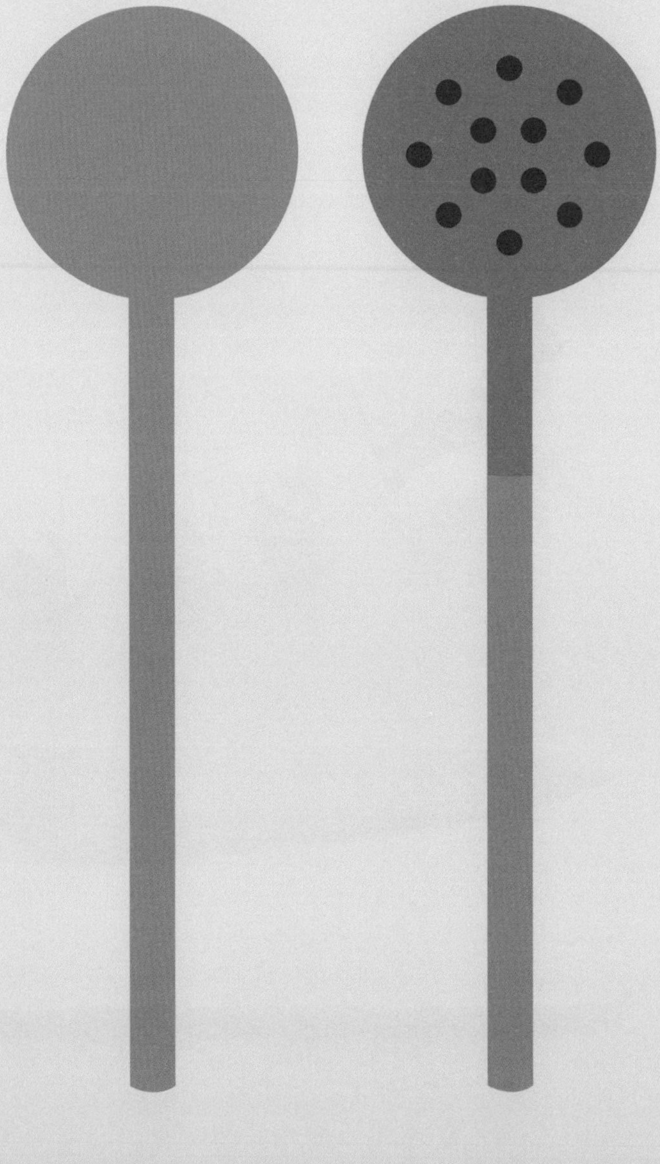

天婦羅

TEMPURA

4人份

難　　度

一點也不難

約1.5公升(6杯)的食用油，油炸用，但實際的用量可能會更多，取決於你鍋子的大小

8朵花椰菜，或嫩莖花椰菜

1顆大的，或2顆小的洋蔥，切成7.5公厘寬的洋蔥圈

8朵秀珍菇

1根櫛瓜，對半切，再各切成長度相同的4小塊

8隻明蝦，去殼，去泥腸，用刀子在蝦子的腹部輕輕劃五六下，以防止蝦子在油炸的過程中捲起來。

200克鱈魚或其他肉質肥美的白魚，去皮去骨，切成4條長條形的魚肉

400毫升(1½大杯)的鰹魚露(見174頁)，用作蘸醬——你也可以只用鹽巴和檸檬來調味

麵糊

1顆雞蛋

400毫升(1½大杯)的氣泡水

200克(1½杯)的中筋麵粉

100克(1杯)的麵包粉

1撮鹽

天婦羅是開啟日本美食之旅的絕佳起點，因為它不僅作法簡單，人見人愛，而且也不需要特殊食材。如果你對油炸這一點心存疑慮，請讓我來緩解你的擔憂。首先，它沒有你想像的那麼不健康——只要你在炸天婦羅的前後測一下油量，你就會發現實際上你沒有用掉很多油。其次，只要你有一點常識，知道要用有點深度的大鍋，油炸這件事其實也不危險。最後，它的作法非常簡單——僅有裹麵糊、下油鍋與瀝乾三個步驟而已。

作　法

開始油炸前，要將所有食材先準備好——記住，這是一種快速、高溫的烹飪方式，所以切得太厚的食材可能會在熟透之前就燒焦了。將油倒入一個夠大夠深的鍋中，確保油位離鍋緣至少有7.5公分的距離，以測安全。以中火熱油，同時準備麵糊。

調製麵糊時，先將雞蛋打入碗中，加入氣泡水攪拌均勻——攪拌時最好使用筷子。切記不要過度攪拌，否則可能會破壞掉水裡的氣泡。將兩種麵粉倒入另一個碗中拌勻，接著倒入剛剛拌好的雞蛋和氣泡水，攪拌到有兩倍鮮奶油（重鮮奶油）的濃稠度。此步驟有一要點：麵糊不必拌得太均勻，略帶顆粒感、飽含空氣，並帶有不勻稱的質地，能使天婦羅有一種輕盈、蓬鬆的口感，同時能減少麵筋的產生，避免它變得像麵團一樣柔軟。雖然有小的顆粒是好的，但如果有大的結塊，還是必須拌開。

在正式開始前，你唯一要做的就是檢查油溫。若你有溫度計——油溫應該落在170°C（340°F）和180°C（350°F）之間。或者，你也可以下一些麵糊到油鍋裡測試。麵糊沉到鍋底，表示油溫不夠；如果麵糊立刻浮起並滋滋作響，就表示油溫太高。麵糊應該先稍微沉到油的表面下，過一會才浮起並發出滋滋聲，表示油溫處於理想的狀態。

將蔬菜和魚肉逐一裹上麵糊，先瀝掉多餘的麵糊，再輕輕放入油鍋中。用夾子或筷子將蔬菜分開，避免它們黏在一起。蔬菜會需要分次油炸——最理想的上菜方式是一炸好就上桌，所以如果廚房裡有地方可以坐，就邀請大家一起開一場天婦羅派對吧！（等待期間，可以先吃一些漬物或「最好吃的毛豆」〔見25頁〕解解饞。）如果現實條件不允許，可以先將天婦羅放入烤箱以非常低的溫度保溫，同時略微打開烤箱的門讓蒸氣散出，這樣天婦羅就能在上桌前保持酥脆。

當天婦羅外表呈淡金色，且觸感硬實——可以用夾子或筷子檢查麵衣是不是硬的——就代表天婦羅炸好了，可以從油鍋移到廚房紙巾上吸去多餘的油脂。上桌前附上鰹魚露作為蘸醬，也可以單純搭配檸檬與海鹽享用。

整條烤魚佐鰹魚露與蘿蔔泥

WHOLE GRILLED FISH WITH TSUYU AND GRATED RADISH

2至4人份

除了偶爾出現的巨大壽司拼盤，日式料理中其實沒有太多盛大的主菜——大部分的菜品通常都是小巧而精緻的。然而，在派對或宴會上，有時會為客人端上一條完整的烤魚，僅以鰹魚露簡單調味，並以蘿蔔泥點綴。這道料理充分展現出了日本關於俳句、禪與侘寂的美學概念——以質樸的簡約風格呈現出令人歎為觀止的美感。

作　法

在魚的兩面撒上海鹽，輕輕搓揉進魚皮。隨後靜置1小時左右，讓鹽能夠滲入魚肉中。將魚放在稍微抹過油的烤盤上，放進烤箱中。如果你的魚偏厚，可以放在距離熱源約7公分的位置；如果你的魚偏薄，則可以放在最上層。先將其中一面烤到魚肉變緊實，且魚皮開始上色，接著小心翻面，以相同的步驟處理另外一面。當魚肉與魚骨能夠輕易分離時，就代表魚已經煮熟了。

用鍋子或微波爐加熱鰹魚露，上菜時，可以給每個人一碗鰹魚露和蘿蔔泥，讓他們蘸著醬吃，或者你也可以把蘿蔔泥和鰹魚露拌在一起，直接倒在魚上。

難　度

簡單到有剩

適量的海鹽

1條大魚（不管哪種魚都可以，真的，不過我個人偏好比目魚，例如鰈魚、龍脷魚或菱鮃）

適量的食用油，用於塗抹烤盤

200至300毫升（將近1至1¼杯）的鰹魚露（見174頁），可根據魚的大小調整用量

約¼根白蘿蔔，或10顆左右的小蘿蔔，磨成泥

甜味噌烤鱈魚

SWEET MISO-GRILLED COD

4人份

這是一份簡單而美麗的食譜，因松久信幸（Nobu Matsuhisa）和他遍布全球的餐廳帝國而廣為人知。唯一的挑戰是，信幸使用的是不易買到的黑鱈魚，它的味道比普通鱈魚更濃郁，口感也更滑順。不過，你還是可以用普通的鱈魚做這道料理，或是用其他肉質同樣肥美的魚類，例如鮭魚、劍魚、以及（我最喜歡的）北極紅點鮭，前提是如果你能買到它們的話。

作　法

用味噌醬醃製魚肉至少30分鐘。最好是放在冰箱裡醃一整晚，最多可以醃三天。

在烤盤上鋪一層錫箔紙，抹上一點油，接著將烤盤放在距離熱源約10公分的位置。將鱈魚放入烤箱，兩面各烤10分鐘，直到鱈魚（稍微有點焦沒關係，但不要太焦，務必時時留意）。如果鱈魚黑得太快，你可以把烤架往下移，或是在鱈魚上面蓋一層錫箔紙。當魚肉變緊實且容易剝落時，就代表魚已經烤熟——記住，如果魚烤得不夠熟，你還有辦法可以補救，但要是烤得太熟可就無法挽回了。寧可稍欠火候，也不要行事過猛！如果你喜歡，也可在上桌時附上漬物。

難　度

簡單到讓你覺得奇怪
信幸賣得那麼貴
竟然沒有被投訴

4條又大又肥的鱈魚條（或黑鱈魚、鮭魚、紅點鮭等）

180毫升（¾杯）的甜味噌醬（173頁）

適量的食用油，用於塗抹烤盤

日式淺漬黃瓜（見28頁），上桌時附上（非必要）

SUKIYAKI

壽喜燒派對！！！

SUKIYAKI PARTY!!!

2至4人份

壽喜燒是一道作法簡單且充滿趣味的料理，我總忍不住想，為什麼這道料理一直沒有流行起來。它本質上是一種以牛肉和蔬菜為主的甜醬油火鍋，但就像日本其他大多數的火鍋一樣，壽喜燒通常也是大家圍著桌子邊煮邊吃的。事先準備好的肉片和蔬菜整齊地擺在鍋旁，鍋子裡的美味高湯咕嚕咕嚕地沸騰著，大家可以根據自己的喜好涮煮食材，撈起後蘸點碗裡的醬料，趁熱一口吞下。整個過程既熱鬧又歡樂，而且準備起來超級簡單。

作　法

按照旁邊敘述的方式準備蔬菜和牛肉（當然，你也可以使用其他不同的食材）。將處理好的食材整齊地擺放在一個由神道僧侶親手編織的竹簍裡，或是家裡的任何一個大盤子上—牛肉需要拿另外一個盤子分開放。接著讓大家圍坐在桌邊，將爐子放在餐桌的正中央。給每個人發一個碗，並在碗中倒入芝麻醬或柑橘醬油。

在爐子上放一個大的火鍋湯鍋或砂鍋，倒入食用油。接著加入深紅糖，待黑糖融化冒泡後，即可加入水、清酒、醬油和昆布／高湯粉／高湯塊。水滾後便撈出昆布，然後關小火。現在就可以開始下食材啦！

把肉片和蔬菜傳下去，好讓每個人都可以把自己喜歡的食材放進鍋裡煮—煮到想要的熟度了，就用筷子直接夾起，蘸上醬料，然後放進嘴裡！隨著時間的推移，湯底會吸收所有食材的精華，變得愈加濃郁醇厚。同時湯量也會有所減少，這時就要適時加水，讓派對能夠繼續下去。

等蔬菜和肉都吃完了，就可以開始下麵。這個時候不應該再加水，而是讓湯底慢慢收汁，濃縮成一種香甜可口的醬汁。在鍋中下麵，煮到麵條軟嫩彈牙，這樣你就可以將滑溜的麵條漱漱地吸入口中（這時蘸醬大概已所剩無幾，不過湯底本身就非常夠味，也不需要蘸醬了）。

這道料理真的是充滿了樂趣，而且營養滿分，尤其適合在冬天來一場溫馨的晚餐派對。你也可以在普通的平日晚上準備這道料理，還不用電磁爐，只要依照上述的步驟熬煮湯底，先放入你喜歡的蔬菜，再下肉片和麵條，最後把它們盛到一個大碗公裡，把它當作某種壽喜燒燉菜—噢，這樣你也不必調製蘸醬了，但你可以在湯裡擠一點檸檬汁，它可以很好地平衡湯底濃醇的甜味。

難　度

一點也不難；
事實上，在大部分的時間裡
你甚至不需要
自己動手煮

3支韭菜，洗淨，去除腐葉，斜切成2公分寬的小段

500克的蕪菁或白蘿蔔，去皮，切成1公分厚的圓片

4根紅蘿蔔，去皮，斜切成1公分厚的薄片

100克的荷蘭豆

½顆尖頭高麗菜，或大白菜，或高麗菜，切成2至3公分寬的長段

200克的芝麻菜、豆瓣菜（西洋菜），或其他略帶辛辣口感的綠葉菜——特別建議放茼蒿——它們真的非常美味

300克的綜合蕈菇——有些超市會賣特別有「異國風情」的綜合蕈菇組，也可以單買秀珍菇或香菇

800克的牛腹脅肉，稍微冷凍過後，逆紋切成極薄的薄片

500毫升（2杯）的芝麻醬（見181頁）或是400毫升（稍微超過1½杯）的柑橘醬油（見174頁），用作蘸醬

4份麵條——生麵最好（拉麵或烏龍麵）

湯底

1茶匙的食用油

30克的深紅糖

500毫升（2杯）的水，需要加水時可再適量添加

150毫升（⅔杯）的清酒

150毫升（⅔杯）的醬油

10至15克的昆布，或1茶匙的高湯粉或½塊牛肉高湯塊

＊如果打算直接在餐桌上煮，你會需要準備一個卡式瓦斯爐或電磁爐——電陶爐或電磁爐都可以，但要小心用電安全

CHANKO NABE

相撲鍋

SUMO HOTPOT

4人份——實際上可能更多

難　度

等你吃得跟相撲練習生一樣多，
要如何用「滾的」離開飯桌，
是你會碰到的唯一難題

這道口味清淡卻極具飽足感的火鍋料理，因其在相撲選手的增重菜單占有重要地位而聞名。事實上，這道料理的特別之處，並不在於它有什麼樣的特殊風味或食材——你可以用任何食材來製作——而是在於它的份量。因此，無論你要在火鍋放入哪些食材，你都必須確保放入足夠的量。這才是關鍵所在！就像壽喜燒（旁邊那頁），或是日本其他的火鍋料理，如果大家圍著桌子一起準備，不僅能讓準備工作事半功倍，還能讓整個過程變得更加有趣。不過你也可以先在廚房裡做好——這全看你個人的選擇。

- 1公升的雞湯，或高湯，或是兩者的混合物
- 100毫升（將近½杯）的清酒
- 100毫升（將近½杯）的味醂
- 100毫升（將近½杯）的醬油
- 4份（300克）的白飯，或1½杯生米
- 150至180毫升（⅔至¾杯）的醬油，或柑橘醬油（見174頁）
- ½顆大白菜，切塊
- 400至600克的板豆腐，切大塊
- 200至300克的蕈菇——我推薦金針菇、鴻喜菇（蟹味菇）、香菇和／或秀珍菇
- 2顆小白菜，切成四半；或4顆青江菜，對半切開
- ½顆白蘿蔔，去皮，切成圓片；或200至300克的蕪菁，去皮，切成四半
- 4根雞腿，去骨，切成適口大小
- 150至200克的白蝦，去殼，去泥腸
- 4份拉麵／烏龍麵／白瀧麵（非必要）

作　法

將一個大鍋或一個耐高溫的砂鍋放在餐桌中央的爐子上，然後倒入高湯、清酒、味醂和醬油。給每個人準備一碗白飯，和一小碟的柑橘醬油或醬油。事先將蔬菜切好放在盤子上，將生肉和海鮮放在另一個盤子上（記得生肉要用不同的夾子或筷子夾取）。等到湯底燒開了，就可以開始煮啦！

把裝肉、海鮮和蔬菜的盤子傳下去，讓每個人把自己喜歡的食材放入鍋中，煮到他們各自喜好的程度，然後蘸點柑橘醬油或醬油，細細品嚐！一段時間過後，高湯會吸收不同食材的味道，變得更加濃郁可口。同時高湯也會減少，你可以加入適量的水，或者也可以選擇在肉和菜吃完後，在濃縮的高湯中下點麵條。等麵煮熟後，就將麵條盛到碗裡，連同高湯一起吸溜下肚。

只要經常享用這道料理，你就離成為相撲的夢想不遠了！

NIKUJAGA

日式馬鈴薯燉肉

JAPANESE BEEF AND POTATO STEW

4人份

難　度

一點也不難

這道療癒美食的名字用直譯的方式翻譯是最棒的：「馬鈴薯肉」。它是日本版的馬鈴薯燉肉，不過湯底是清爽的日式高湯和醬油，而不是濃郁的肉湯。它豐盛且令人滿足，又不至於吃了覺得太撐、難以消化——噢，而且它的作法非常簡單，名字的寫法也比傳統的勃艮第紅酒燉牛肉（boeuf bourgihguinognuon）（？！？！）來得容易。

- 250至300克的牛臀肉、內裙肉或無骨牛肉片
- 2根紅蘿蔔，去皮
- 2顆褐皮馬鈴薯，去皮
- 1顆大的，或2顆小的洋蔥，去皮
- 1支韭菜，洗淨，去除腐葉
- 1茶匙的植物油
- 200克的荷蘭豆
- 500毫升的日式高湯，或牛肉高湯，或兩者混合
- 50毫升的味醂
- 50毫升的醬油
- 1茶匙的伍斯特醬或豬排醬（180頁）
- 1茶匙的清酒
- 1茶匙的細砂（特砂），或粗砂糖（原糖）
- 4份白飯或麵條（300克），或者1½杯生米

作　法

將牛肉放進冰箱冷凍30至40分鐘，好讓牛肉變硬，以利切片。盡量將牛肉逆紋切成薄片，並將紅蘿蔔和馬鈴薯滾刀切，洋蔥切成薄片，韭菜則斜切成四段。

將植物油倒入深平底鍋或耐火砂鍋，以中火熱油，接著加入洋蔥，炒至軟化。隨後加入除荷蘭豆之外的所有蔬菜，倒入日式高湯或牛肉湯、味醂、醬油、伍斯特醬或豬排醬、清酒和砂糖。待湯煮至大滾，就蓋上一張圓形的烘焙紙，或是直接蓋上鍋蓋，再燉10至15分鐘，直到所有蔬菜都煮軟了，就放入荷蘭豆，然後再燉1分鐘，即可關火，加入牛肉—— 因為肉片切得很薄，所以直接放入熱湯就能煮熟。用長柄湯匙或小篩網撈掉高湯表面的浮沫。可以搭配白飯或拌入麵條享用。

BUTA SHOGAYAKI

薑燒豬肉

STIR-FRIED PORK WITH GINGER SAUCE

4人份

難　度

真心不難

- 400克的五花肉，去皮
- 60克的生薑，去皮，逆紋切成薄片
- 6茶匙的醬油
- 6茶匙的味醂
- 4茶匙的清酒
- 1茶匙的番茄醬
- 1茶匙的芝麻油
- 1茶匙的植物油
- ½顆尖頭高麗菜，切絲
- 150克的豆芽菜
- 2顆青蔥（春蔥），切花
- 適量的熟芝麻，裝飾用

記得我在日本的時候，午餐經常吃這道料理，不過它同樣也適合拿來當晚餐——而且它準備起來非常快速簡易。順道一提，這款生薑醬也適用於其他料理，你可以試著用它來醃雞肉，或是當做刷在烤魚上的醬汁。

作　法

將五花肉對切成兩半，放進冰箱冷凍30至45分鐘，好讓肉質變硬，接著將其盡量切成薄片。用食物調理機將生薑、醬油、味醂、清酒、番茄醬和芝麻油打成醬汁。如果家裡沒有食物調理機，你只需將生薑磨成泥，然後拌入上述其餘調味品即可。

在炒鍋或深煎鍋（平底鍋）中倒入植物油加熱，接著放入五花肉和高麗菜，翻炒3至4分鐘後，再加入豆芽菜和剛剛調好的醬汁。持續翻炒至豆芽菜稍微軟化，且所有食材皆均勻裹上醬汁。最後撒上蔥花與芝麻，即可搭配白飯享用。

BUTA KAKUNI

日式黑啤豚角煮

SWEET SOY AND STOUT-BRAISED PORK BELLY

4人份

這份食譜比起日式，或許更接近中式料理，但它經常出現在日本餐廳和日本家庭的餐桌上。我不想說它是世界上最棒的五花肉料理……但我好像已經說了。如果你覺得加黑啤酒聽起來很奇怪，你只要把它想成和醬油一樣，帶有如蜜糖般的醇厚滋味，只是少了鹹味。

作　法

將烤箱預熱至130℃（275℉）。

將植物油倒入耐火的深砂鍋中，以中高火加熱。待油溫變得極高，便加入五花肉，煎至四面金黃。將五花肉取出，倒掉鍋中多餘的油脂，接著放入洋蔥和大蒜，炒至表面呈褐色。倒入黑啤酒、高湯、砂糖、味醂和醬油，並加入八角與肉桂，大火煮滾後轉至小火，放入五花肉。如果湯汁沒有淹過肉塊，則需加水。

將一張圓形的烘焙紙或錫箔紙鋪在肉上，並蓋上鍋蓋，將鍋子放進預熱好的烤箱。這道燉煮的程序大約需要4至5小時，不過從第2個小時開始，你就必須反覆查看。如果水量太少就加點水，同時把烤箱的溫度調低，但是要讓湯汁維持小滾的狀態。將五花肉燉煮至軟爛就算大功告成了。用漏勺將肉塊撈出，並將燉煮的湯汁過濾到另外一個平底鍋中。盡可能地撈掉湯汁表面的油脂，將湯汁收乾，直到形成稀糖漿的質地。在端上餐桌前，將湯汁淋在五花肉上。可以搭配白飯或麵條，以及可口的蔬菜享用，比如花椰菜或小白菜。

難　度

超級簡單

2茶匙的植物油

500克的五花肉，去皮，切塊

1顆洋蔥，去皮，對切成4半

1顆完整的大蒜，從中間對半切開

300毫升（1¼杯）的黑啤酒

100毫升（將近½杯）的高湯

4茶匙的深紅糖

4茶匙的味醂

4茶匙的醬油

4顆八角

1根肉桂，約4至5公分

適量的水，用量可依照需求調整

TONKATSU

日式炸豬排

JAPANESE PORK CUTLET

2至4人份

難　　度

最困難的部分
是克制住自己不要天天吃它

- 2塊厚切帶骨豬排，去皮
- 適量的鹽巴和黑胡椒
- 適量的中筋麵粉，裹粉用
- 2顆雞蛋，打散並加入少許牛奶或水
- 150至200克（3½杯至4½杯）的麵包粉
- 適量的食用油，油炸用
- ½顆尖頭高麗菜，切細絲
- ½顆檸檬（非必要）
- 150毫升（⅔杯）的豬排醬（見180頁）

本書的大部分食譜都比較傳統，但我忍不住想改變一下這道料理的作法。

日式炸豬排其實就是日本版的維也納炸肉排（schnitzel）——裹著麵包粉油炸的豬排。大多數的炸豬排和炸肉排都蠻好吃的，但很少能真正達到炸豬肉應該擁有的極致美味。我認為，原因或許出在一般的炸豬排使用的都是薄片的豬肉，導致豬肉在麵包粉變得金黃香脆之前，就先變乾變柴了。於是，當我在為餐廳設計炸豬排的菜單時，我就在想傳統的作法可能有疏漏：豬肉應該切厚一點，而不是薄薄的一片，最好甚至連骨頭都一起下去炸。厚切能保持豬肉的鮮嫩多汁，同時外皮焦香酥脆，而豬骨則能使肉排的口感更加濕潤且更具風味。

作　法

用大量的鹽和黑胡椒幫豬排調味，最好在料理前1小時進行此步驟，好讓豬肉充分入味，但要是來不及也沒關係。將肉排裹上麵粉後，浸入打散的雞蛋液中，再裹上一層麵包粉。

在一個又大又深的鍋中（請拿出家裡最大最寬的鍋）倒入足夠的食用油，油位不超過鍋壁高度的一半。如果鍋子不夠寬，不夠同時放入兩塊豬排，那就分批下去炸。將油加熱至160°C（320°F），接著將豬排輕輕放進油裡。油炸的程序至少需要10分鐘才能讓豬排熟透，期間必須小心觀察，在適當的時機翻面。檢查肉排是否熟透的最佳方法，就是用肉類溫度計測量溫度—我個人喜歡全熟的口感，因此對我來說，當豬排最厚的地方達到60°C（140°F），就算是炸好了。不過有些人偏好豬肉還帶一點粉色，就降低為57至58°C（134至136°F），或是如果想要非常熟，即可以65°C（149°F）為目標。如果家裡沒有溫度計，那就需要動一點探查手術了。找到骨頭所在的地方，沿著骨頭的側邊切開檢查（但你要知道，就算豬排熟透了，骨頭旁邊的肉可能還是會帶一點粉色）。如果豬肉還沒熟透，麵包粉的顏色卻已經太深了，那就把豬排移至烤架上，放進180°C（340°F）的烤箱裡，再烤10分鐘左右。如果麵包粉的顏色尚淺，就直接將豬排放回油鍋中再炸幾分鐘。

將炸好的豬排取出，放在鐵架或廚房紙巾上吸去多餘的油脂，靜置至少5分鐘後再切。用薄刀沿著骨頭切開，將豬排切成方便用筷子夾取的薄片。撒上大量的海鹽裝飾，如果你喜歡的話，還可搭配高麗菜絲和檸檬，再在旁邊擺上豬排醬。另外，若是在上面加一個煎蛋，滋味更是絕妙！

HAMBAGU

日式漢堡排

JAPANESE STEAK HACHÉ

4人份

難　度

不難

80克（1½杯）的麵包粉

10至12根扁葉歐芹的細枝，再另外多備幾片葉子

1顆大的，或2顆小的洋蔥，大致剁碎

2瓣大蒜，去皮

適量的鹽巴和現磨黑胡椒粉

600克的牛絞肉（碎肉）——使用帶有脂肪的粗絞肉，風味更佳

200毫升（將近1杯）的日式甜醬油（見171頁）

100毫升（將近½杯）的高湯

2茶匙的番茄醬

1茶匙的伍斯特醬

1茶匙的植物油

4顆雞蛋

4片格呂耶爾起司，共100克

100克的香脆炸洋蔥酥

煎肉餅，或者說漢堡排，雖然在歐美地區早已絕跡，但在日本卻依然是平價餐館中十分常見的料理。當地甚至還有連鎖的漢堡排專賣店，其中我最喜歡的，莫過於一家名叫「Bikkuri　Donkey」（びっくりドンキー，直譯為「嚇一跳驢子」）的漢堡排店。的確，漢堡排稱不上是什麼高級料理，但它的美味卻是毋庸置疑的，尤其是日式的漢堡排——淋上甘甜的日式醬油，在絞肉中加入大量的洋蔥，讓風味與口感都進一步得到提升。

作　法

將麵包粉、歐芹、洋蔥、大蒜、鹽巴和黑胡椒放入食物調理機，打成帶有顆粒的糊狀。接著與牛絞肉混合在一起，然後分成4等分，並捏成肉餅。

將甜醬油、高湯、番茄醬和伍斯特醬倒入深單柄鍋中煮沸備用。將煎鍋（平底鍋）或煎盤放在爐子上加熱至高溫，倒入少許食用油，隨後放上肉餅，兩面各煎3至5分鐘，若想要全熟則可適當延長時間。

同時，將剩餘的油倒入另外一個煎鍋中，為每一份漢堡排煎一個煎蛋。待漢堡肉接近全熟，即可淋上剛剛調製的醬汁，並在每一份漢堡排上放一片起司。將漢堡排移至烤箱中，烤到起司融化且略顯褐色，然後取出漢堡排，並在每一份漢堡排上放一份煎蛋。端上桌前，在漢堡排四周淋上醬汁，並撒上香脆的洋蔥酥，最後用歐芹裝飾。在日本通常會配上一碗白飯和一份沙拉，但我比較喜歡搭配馬鈴薯泥或薯條一起享用。

飯麵主食

5

ご飯物と麺類

本章的料理以米飯或麵條作為基底，因此不同於前面幾章的食譜，僅僅是這些料理本身就稱得上是營養又豐盛的一餐。不過你也可以多搭配幾道小菜，好好享受一頓日式大餐！

日式卡波納拉義大利麵

JAPANESE CARBONARA

4人份

信不信由你，日本有一派他們自己獨特風格的義大利麵，被稱為「和風義大利麵」。它們絕大多數都是以義大利直麵為基底（從某方面來說，它和拉麵也有幾分相似），乍看之下很像義大利傳統的義大利麵或美式義大利麵，但是融合了日本本土風味的創新元素。明太子義大利麵就是一個經典的例子，它在奶油醬中添加辣椒醃製過的鳥魚子，藉此起到提味的效果——明太子的味道吃起來就像加了辣椒的意大利烏魚子（bottarga），所以這樣的搭配並不突兀。

製作日式義大利麵基本上沒什麼規則，所以你可以盡情嘗試。你會驚訝地發現，大部分的日本食材皆能與義大利麵完美結合。

作　法

在一個大的煎鍋（平底鍋）中將奶油融化，放入洋蔥與秀珍菇，翻炒至兩者皆呈金黃色後，加入大蒜，炒至軟化。倒入清酒和黑胡椒，拌炒均勻，接著轉小火。

在碗中倒入味噌、高湯、蛋液與檸檬汁，攪拌至味噌完全溶解。

在滾水中將義大利麵煮到你喜歡的軟硬度，然後瀝乾水分，倒回煎鍋中。加入洋蔥、秀珍菇和剛才混合好的味噌蛋液，迅速攪拌——這一步動作要快，以便利用義大利麵的餘溫來加熱蛋液，使醬汁變稠。試一下味道，根據需求加鹽調味。用芝麻、海苔絲、帕瑪森起司和蔥花裝飾，最後在中間放上一勺鮭魚卵點綴（非必要）。

難　度

這是義大利麵！
所以想也知道非常簡單

50克（3½茶匙）的奶油

1顆洋蔥，切碎

200克的秀珍菇或香菇（去梗），切成薄片

4瓣大蒜，磨成泥，或是切得非常碎

2茶匙的清酒

幾撮現磨黑胡椒粉

4茶匙的味噌

4茶匙的高湯

2顆雞蛋，打散

½顆檸檬的檸檬汁

500克的乾燥義大利麵

適量的鹽

適量的熟芝麻

½片海苔，用剪刀剪成細條

25至30克的帕瑪森起司或佩科里諾羊奶乾酪

2根青蔥（春蔥），切花

60克的鮭魚卵（非必要）

KARE RAISU

日式咖哩飯

CURRY RICE

2至4人份

日本咖哩的故事，是全球帝國興衰的歷史。在十九世紀末之前，日本並沒有咖哩。然而將咖哩引進日本的，並非印度、孟加拉、泰國、馬來西亞，或其他任何能夠被視為咖哩起源地的國家——而是英國。當時，南亞咖哩已經融入大英帝國的飲食，而將之帶入日本的，正是英國的軍官和外交官。後來英國的咖哩——不會很辣，又有用麵粉勾芡——在日本流行起來，尤其是在日本海軍和陸軍之中，它被當做一種能填飽數百名軍人肚子的好辦法，不僅經濟實惠，還不失美味。

如今，咖哩依然是深受日本人喜愛的療愈美食，味道雖好，卻不可思議地與作為起源的亞洲咖哩相差甚遠。印度咖哩通常利用打成泥的洋蔥／番茄／辣椒，和一大堆香料自然收汁變稠，而日本咖哩則是用麵粉和奶油炒成的麵糊，來增加以高湯作為基底的微辣醬汁的濃稠度。我非常喜歡日本咖哩，但我同樣喜歡南亞咖哩那種鮮明而富有層次的風味。這份食譜結合了這兩種咖哩的特點，同時我也選擇採用素食版，因為我覺得這樣已經很好吃了，但如果你想要，也可以加點雞肉、牛肉或豬肉。事實上，你可以放入任何你想要的食材（我們在餐廳裡有放火腿和起司，滋味簡直絕妙！）。

（備註：如果你想在家做正宗又**超級**簡單的日本咖哩，那不妨去亞洲超市買一盒日本咖哩塊。我是說真的——好吃、便宜又快速，而且絕對正宗！）

作　法

先來製作咖哩醬——將食用油、洋蔥、生薑、辣椒、大蒜、番茄、蘋果、香蕉、咖哩粉和葛拉姆馬薩拉放入食物調理機打成泥。隨後將之倒入單柄鍋，以中高火加熱，頻繁攪拌，直到咖哩醬開始焦糖化，並飄出香料的香氣。接著加入高湯，煮至沸騰。

與此同時，在另外一個單柄鍋中將奶油融化，倒入麵粉拌勻。以小火慢煮約8分鐘，不斷攪拌直到麵糊變得濃稠且呈金黃色。用湯勺將剛剛煮好的咖哩醬一點一點地舀到麵糊中，同時反覆攪拌，使之均勻混合。加入番茄醬和醬油，繼續加熱，直到咖哩醬變得非常濃稠，即可將之倒入果汁機，或是用手持式攪拌機，將咖哩醬攪打至滑順細膩。試一下味道，視需求加鹽調味。

將洋蔥、紅蘿蔔和馬鈴薯放入單柄鍋中，加水蓋過食材。水滾了之後，即可加入花椰菜，並轉至小火，燉煮約10分鐘，煮到蔬菜全都變軟。將蔬菜起鍋瀝乾水分，倒掉鍋中的熱水，再將蔬菜放回鍋中，倒入咖哩醬，開小火將整份咖哩再稍微煮一下，即可搭配白飯享用。

難　度

可能會是你做過
最簡單的咖哩

1顆洋蔥，切小塊

2根紅蘿蔔，去皮，滾刀切

400克的粉質馬鈴薯，去皮，切成適口大小

½顆花椰菜，用手掰成適口的小朵

4份白飯（300克，或1½杯生米）

咖哩醬

4茶匙的植物油

1顆大洋蔥，大致切碎

2公分的生薑塊，去皮，切成薄片

1顆青辣椒，大致切碎

2瓣大蒜，去皮

2顆番茄

½顆金冠蘋果（Golden Delicious）或品種相似的蘋果，去皮，大致切碎

½根香蕉

30克的馬德拉斯咖哩粉（madras curry powder）

2茶匙的葛拉姆馬薩拉（garam masala）

750毫升（3杯）的雞湯或牛肉高湯

60克（½條）的奶油

6茶匙的中筋麵粉

2茶匙的番茄醬

2茶匙的醬油

KATSU KARE

肉排咖哩飯

KATSU CURRY

4人份

肉排咖哩飯就是在日式咖哩飯的基礎上，再加上一片裹了麵包粉的炸肉排，一般以雞肉為主。這份食譜和日式咖哩飯（見126頁）一模一樣，只是多加下面炸肉排的部分。你也可以適量減少咖哩中蔬菜的用量，因為肉排本身已相當有飽足感。

作　法

用鹽巴和黑胡椒替雞胸肉調味，接著裹上麵粉，浸入蛋液，再均匀裹上一層麵包粉。

在一個大的煎鍋（平底鍋）中倒入少量食用油，以中火熱油。將裹上麵包粉的雞肉輕輕放入油鍋，兩面各煎5至6分鐘。將雞肉取出，放在廚房紙巾或鐵架上瀝掉多餘的油脂。靜置片刻後，切塊放在咖哩飯上，即可享用。

難　度

簡單到你再也
不會在餐廳點這道料理

1份咖哩飯（見126頁）

2塊雞胸肉，去皮，去骨，橫切成兩片薄片的肉排

適量的鹽和現磨黑胡椒粉

適量的中筋麵粉，裹粉用

1顆雞蛋，打散後，加入少量的牛奶或水

200克（4⅔杯）的麵包粉

適量的食用油，半煎炸用

OYAKODON

親子丼

CHICKEN AND EGG RICE BOWL

4人份

難　度

超級簡單

這道療愈人心的料理，有個有點可愛又令人細思極恐的名字——親子丼。我想，它至少比「雞肉與雞蛋」更賦有詩意。但不管怎麼說，它都非常美味。一般這道料理不會加奶油和香菇，但我覺得沒有什麼比奶油、雞蛋、香菇和甜醬油更讓人無法抗拒的。

- 80克(¾條)的奶油
- 2顆洋蔥，切薄片
- 4根雞腿，去皮，去骨，切成適口大小
- 100克的香菇，去梗，切薄片
- 200毫升(將近1杯)的日式高湯
- 3茶匙的醬油
- 2茶匙的味醂
- 1茶匙細砂(特砂)，或粗砂糖(原糖)
- 8顆雞蛋
- 4大碗白飯(350至400克，或1¾至2杯生米)
- 2枝青蔥(春蔥)，切成蔥花
- 1撮七味粉(見178頁)，作裝飾用(非必要)

作　法

將奶油放入一個大的煎鍋(平底鍋)，以中火加熱融化，接著放入洋蔥，炒到洋蔥軟化、表面呈褐色，同時注意不要讓奶油燒焦。放入雞腿肉和香菇，不斷拌炒至均勻上色。

倒入高湯、醬油、味醂和砂糖，稍微收汁，讓雞肉表面裹著一層醬汁。轉小火，在鍋中打入雞蛋。把蛋黃弄破，輕輕拌炒數次。雞蛋應該保持滑嫩流動的狀態，就像澆在雞肉和白飯上的醬汁。待雞蛋呈半固態的炒蛋質地，即可從鍋中取出。

將白飯盛入深碗，再用湯匙將雞肉和雞蛋舀進碗裡，最後用青蔥和七味粉(非必要)裝飾。

GYUDON

牛丼

BEEF, ONION AND SWEET SOY RICE BOWL

4人份

牛丼——一碗簡單的牛肉蓋飯——有點像是日本版的漢堡，當午餐正合適，當晚餐也不錯，但是最適合享用這道料理的，是深夜酒醉的時候。甘甜鹹香、充滿牛肉的香氣，而又令人滿足（而且牛丼在日本簡直便宜到令人難以置信），它是我可以天天吃、餐餐吃都不會膩的一道料理。

作　法

將牛肉放入冰箱冷凍約30分鐘，好讓牛肉變硬，以利切片。接著將牛肉逆紋切成極薄的薄片。

在大的煎鍋（平底鍋）中熱油，接著加入洋蔥，以中火加熱至洋蔥軟化上色，隨後放入牛肉與生薑。待牛肉稍微上色後，即可倒入甜醬油和高湯，稍微收汁，直到醬汁呈薄糖漿的濃稠度。

將飯盛入大碗公，再將牛肉、洋蔥和醬汁舀到飯上，最後以紅薑絲和芝麻裝飾。如果這道料理不能讓你覺得溫暖滿足，那你大概是個機器人吧。

難　度

一點也不難

400克的裙肉／橫膈膜／腹脇肉

2茶匙的食用油

4顆洋蔥，切薄片

1截2公分的生薑，去皮，切絲

200毫升（將近1杯）的日式甜醬油（見171頁）

100毫升（將近½杯）的日式高湯

4大碗白飯（350至400克，或1¾至2杯生米）

40至50克的紅薑絲

適量的熟芝麻，裝飾用

CHAHAN

炒飯

FRIED RICE

4人份

我學會做的第一道料理是起司通心麵（還是盒裝的那種，我甚至不確定那是否稱得上烹飪）；我學會做的第二道料理是蛋沙拉三明治（同樣的，我不確定這算不算烹飪）；而我學會做的第三道料理，如果我沒記錯的話，就是炒飯。

炒飯的優點實在太多了。首先，它很簡單，我的意思是，它真的非常簡單，基本不會出什麼差錯。而且，炒飯既豐富又美味，還是個處理剩菜剩飯的好辦法——事實上，我的炒飯一般都是用剩菜剩飯做的。它就像我在日本的泡泡與吱吱叫（bubble and squeak），特別適合加入切碎的烤肉與蔬菜。這是一份基礎版的炒飯食譜，但你也可以盡情發揮，添加自己喜歡的食材，比如國王蝦、雞肉、干貝、魷魚、韭菜、鮭魚和豬肉。

順帶一提，用冰箱裡的隔夜飯來做炒飯，風味更佳。我常常會故意多煮一些白飯，這樣我隔天就有做炒飯的藉口了。

作　法

在煎鍋（平底鍋）或炒鍋中熱油，接著放入培根，煎至金黃酥脆，即可從鍋中取出，放到廚房紙巾上吸去多餘的油脂（先不要倒掉鍋裡的培根油）。將培根用手掰碎或切成小塊備用。

將洋蔥放入高溫的培根油中，翻炒至外表呈半透明且微微上色。隨後加入香菇、紅蘿蔔和雞蛋，並將雞蛋快速炒散。下蒜末與蔥花爆香，稍微翻炒過後，倒入白飯、醬油、芝麻油、味醂和高湯粉。在翻炒的同時，用一根木湯匙弄散結塊的白飯。待白飯充分吸收鍋裡的醬汁後，即可放入紅薑絲、芝麻、少許的黑胡椒粉和碎培根，拌炒均勻。將炒飯盛入淺碗，最後也可以在飯上撒一點柴魚片點綴。

難　度

這道料理簡單到
在我還是個笨手笨腳的
十四歲小屁孩的時候都做得出來

1茶匙的食用油

4片煙熏斑條培根——選乾醃的

1顆洋蔥，切薄片

150克的香菇（去梗）或蘑菇，切薄片

1根紅蘿蔔，切丁

4顆雞蛋

4瓣大蒜，切末

4枝青蔥（春蔥），切成蔥花

4大碗白飯（350至400克，或1¾至2杯生米）

3茶匙的醬油

1茶匙的芝麻油

1½茶匙的味醂

¼茶匙的日式高湯

50克的紅薑絲

1茶匙的熟芝麻

適量的現磨黑胡椒粉

1把柴魚片（非必要）

KINOKO TAKIKOMI GOHAN

日式野菇炊飯

JAPANESE-STYLE MUSHROOM PILAF

2人份的主食／4人份的副餐

難　度

一點也不難，
就連飯後洗碗都很省事

這種一鍋到底的日式蒸飯叫做「炊き込みご飯」（takikomi gohan），非常適合搭配其他菜品享用，但也可以單獨作為主餐。這是一道能夠撫慰人心的鮮味料理。

300克的白米，洗淨

350毫升（1½杯）的日式高湯

1茶匙的醬油

1茶匙的味醂

1茶匙的清酒

1小塊昆布，6至8公分長，以冷水沖洗至軟化

½根紅蘿蔔，去皮，切細條

1顆蕪菁，去皮，切丁

200克的蕈菇——我喜歡香菇、秀珍菇和金針菇（若需要可切掉根部）各加一點——切薄片

適量的熟芝麻，裝飾用

作　法

將白米放入有密封鍋蓋的單柄鍋中，倒入高湯、醬油、味醂和清酒。昆布鋪在白米上，接著放入切好的蔬菜。將鍋子置於小瓦斯爐上，在沒有鍋蓋的狀態下加熱至沸騰。隨後蓋上鍋蓋，轉至最小火，悶蒸約15分鐘。關火，將蔬菜拌入米飯中（昆布可丟棄），最後撒上芝麻，即可上桌。

SHICHIMENCHO KASHIWA MESHI

醬油火雞肉飯

SOY-BRAISED TURKEY MINCE RICE

4人份

難　度

簡單到覺得離譜

這道料理，是我在日本落腳的城市的特產，傳統的作法是使用悶煮後撕碎的雞肉，但我發現用火雞絞肉不僅一樣美味（甚至更好吃？），而且更加簡便。就算你不喜歡火雞也值得一試：它肉質鮮美、甘甜可口，讓人欲罷不能。就算冷掉也很美味，吃剩的火雞肉飯還可以裝便當。

4顆雞蛋

1撮鹽

2茶匙的味醂

2瓣大蒜，切末

1截2公分的生薑，去皮，切薄片

500克的火雞絞肉

4茶匙的醬油

1茶匙的清酒

1茶匙細砂（特砂），或粗砂糖（原糖）

1茶匙的熱的薑汁啤酒（非必要）

1撮高湯粉（非必要）

1茶匙的熟芝麻，再加1匙裝飾

4份白飯（300克，或1½杯生米）

1片海苔，剪成細絲

50至60克的紅薑絲

作　法

將雞蛋打散，並加入鹽和1茶匙的味醂，混合均勻。

在不沾煎鍋（平底鍋）中倒入少量食用油，用廚房紙巾將油均勻塗抹於鍋面。開大火，倒入一點雞蛋液，薄薄地覆蓋住鍋面即可，像可麗餅一樣。因為蛋液很薄，應該不必翻面就能完全煎熟，如果沒能煎熟，可以將蛋皮放入烤箱稍微烤一下，直到表面不會濕潤黏稠。將蛋皮從鍋中小心取出，移至熟食砧板上，接著重複此步驟，直到用完全部的蛋液。將蛋皮切成有一定寬度的條狀，再將蛋皮疊在一起切得越細越好——原則上，我們是要把蛋皮切絲，最後鋪在飯上裝飾。

在平底鍋中再倒一點油，接著放入蒜末與薑片煸香。當蒜末和薑片開始滋滋響的時候，即可放入肉末翻炒，盡量將其炒散。待肉末均勻上色且熟透後，倒入醬油、清酒、砂糖、另外那一匙的味醂，以及薑汁啤酒和高湯粉（非必要）。

繼續煮到醬汁變稠，接著拌入芝麻。將白飯盛入淺碗中，隨後鋪上火雞肉末、蛋絲和海苔絲，形成三條分明的色塊。最後在肉末上撒一點芝麻，再將一小坨紅薑絲放在中央。

KAIRUI NO DORIA

日式海鮮焗飯

JAPANESE RICE GRATIN OF SHELLFISH

4人份

在日式料理中，有一系列被稱為「洋食」的菜品，字面意思即「西方食物」。不過它們並不會被任何一個真正的西方人認為是「西方食物」，相反的，它們是日本獨有的料理，但是其風味與技法皆源自非日本國家。（我之所以會說「非日本國家」，是因為在日本，即便是來源於中國和印度的料理，也會被歸類為洋食。）例如大阪燒、豬排咖啡飯、日式馬鈴薯燉肉等，都屬於這個範疇。其實，本書的許多食譜都是洋食！

在眾多的洋食菜式中，有一道比較冷門的料理，叫做「ドリア」（doria），是一道以白飯作為基礎的焗烤料理，是一九二〇年代一名在橫濱工作的瑞士廚師發明的。它其實就是一道標準的焗烤料理，但是米飯和少量的味噌為它增添了一絲日本風味。從味道上來說，它算是蟹肉奶油可樂餅（見65頁）的遠方親戚。

作　法

烤箱預熱至適當溫度。在單柄鍋中放入奶油，待奶油融化後放入洋蔥，以中火加熱至洋蔥軟化，且表面呈透明。接著加入蒜末，加熱至軟化，再加入麵粉，攪拌成糊狀後，緩慢而穩定地倒入牛奶，同時不斷攪拌，以防止結塊。等牛奶完全混合之後，即可加入鮮奶油、白酒、味噌、肉桂碎（非必要）和黑胡椒，充分攪拌至味噌融化。加熱至沸騰後，加入蟹肉、蝦子和干貝，再煮5分鐘，直到海鮮熟透，即可關火，放入蝦夷蔥，並保留一部分裝飾用。

將乳酪絲和麵包粉均勻混合。在烤盤或耐火砂鍋中抹一層奶油，然後將米飯均勻鋪在底部。倒入海鮮白醬，再鋪上混合好的乳酪絲和麵包粉，用中火烤至表面上色起泡，最後用剩下的蝦夷蔥裝飾。

難　度

要想明白這道料理怎麼會
是一道日本菜可能有點難，
但做起來和嗑光它一點都不難

45克（3½茶匙）的奶油，另備少許用於抹盤

1顆洋蔥，切碎

1瓣大蒜，切末

4½茶匙的中筋麵粉

480毫升（將近2杯）的全脂牛奶

100毫升（將近½杯）重乳脂鮮奶油

3茶匙的白酒

50克的味噌

1撮肉桂碎（非必要）

適量的現磨黑胡椒粉

100克的蟹身白肉與蟹腳蟹螯肉，以1：1的比例混合

150至200克的國王蝦，去殼，去泥腸

150至200克的干貝

1把蝦夷蔥，切花

50克的帕瑪森起司或佩科里諾羊奶乾酪（pecorino cheese），刨絲

50克的切達起司，刨絲

100克的格呂耶爾起司（gruyère）、埃曼塔起司（emmental）或康緹起司（comté），刨絲

40至50克（1至1¼杯）的麵包粉

4份熱白飯（300克，或1½杯生米）

烏龍湯麵或蕎麥湯麵

HOT UDON OR SOBA

4人份

難　度

簡單到不行

先有烏龍麵與蕎麥麵，後有拉麵。我這麼說，既是從歷史的觀點，也是從我個人的經驗出發。烏龍麵（以小麥製成的粗麵）和蕎麥麵（以蕎麥製成的細麵）比拉麵更早出現在日本的飲食體系中，可追溯至十七世紀，而拉麵則是相對近代的產物，一直要到十九世紀末才出現。烏龍麵和蕎麥麵的歷史悠久，再加上它們的湯底一般都是非常「日本」的昆布鰹魚高湯，這也許就是人們認為它們比拉麵更傳統的原因。相比之下，拉麵仍帶有一股異國文化的氣息。（畢竟拉麵源自中國，不過這一點烏龍麵和蕎麥麵也一樣，只是傳入日本的時間更早。）

我自己也是在拉麵之前，先接觸到烏龍麵和蕎麥麵的。當我還是個青少年，一開始在密爾瓦基（Milwaukee）、後來在洛杉磯（Los Angeles）嘗試各種日本美食時，烏龍麵和蕎麥麵還是更常見一些，基本上所有日式餐廳都有提供。拉麵在當時還比較小眾。儘管拉麵最終成了我最愛的麵食（自從我第一次吃到那碗湯頭濃郁的豚骨拉麵，我就回不去了），但我對烏龍麵和蕎麥麵依舊抱有很深的感情——它們的口味雖然清淡，卻依然令人滿足。即便拉麵非常迷人，有時候它卻像是一拳打在你肚子上，而烏龍麵和蕎麥麵則更像一個大大的擁抱。

這是一份非常基礎的烏龍湯麵和蕎麥湯麵的食譜，只用了幾種簡單的配料。如果你想要讓它變得更豐富一點，接下來的幾頁還有一些我推薦的食譜以供參考。

- 1塊（300克）板豆腐
- 適量的食用油，半煎炸用
- 1公升（4杯）的高湯
- 100毫升（將近½杯）的味醂
- 80至120毫升（⅓至½杯）的醬油，用量可依照口味調整
- 4份烏龍麵或蕎麥麵
- 2枝青蔥（春蔥），切花
- 適量的熟芝麻粒
- 4顆雞蛋，水煮或半熟（非必要）

作　法

將豆腐放進微波爐，用高火加熱2分鐘，以擠出多餘的水分（如果家裡沒有微波爐，你也可以在豆腐上壓一或兩個盤子，慢慢擠出水分，只不過這大概會需要1小時左右）。將豆腐切成約莫5公厘厚的薄片。

在一個大的不沾煎鍋（平底鍋）中倒入食用油，油位至少5公厘深，接著開大火。用廚房紙巾將豆腐拍乾，再將豆腐輕輕放入熱油中，將兩面煎至金黃，隨後用漏勺將豆腐小心從鍋中取出，放在廚房紙巾上吸去多餘的油脂。

在單柄鍋中倒入高湯、味醂和醬油，以小火加熱。試一下味道，根據自己的喜好加入醬油調味。

燒一大鍋水，根據包裝上的指示煮麵。蕎麥麵需要用小火慢煮——大約5到10分鐘，因此期間需要經常試吃、確認口感。如果是新鮮的烏龍麵，只需要煮1分鐘左右。煮到麵條有彈性了，即可瀝乾水分，盛入深碗中。最後倒入熱湯，再放入煎豆腐、青蔥、芝麻和雞蛋（非必要），即可上桌。

KARE UDON

咖哩烏龍麵

CURRY UDON

4人份

難　度

簡單到不能再簡單

2茶匙的植物油

1顆大洋蔥，切薄片

1顆青辣椒，切末

2瓣大蒜，切末

1顆紅椒，切丁

60克（½條）的奶油

6茶匙的中筋麵粉

45克的馬德拉斯咖哩粉（madras curry powder）——你可以使用辣的或是不辣的，或是兩者混合使用

2茶匙的葛拉姆馬薩拉香料（garam masala）

1.2公升（5杯）的雞高湯或牛肉高湯、日式高湯，或是三者任意混合使用

4茶匙的醬油，用量可依照口味增加

4茶匙番茄醬，或豬排醬（見180頁）

適量的鹽

1支新鮮玉米，或150克罐頭甜玉米

4份烏龍麵

2枝青蔥（春蔥），切花

4顆雞蛋，水煮或半熟

適量的乾辣椒粗粒（非必要）

40至50克的紅薑絲（非必要）

50克的切達起司，刨絲（非必要——但它非常美味！）

適量的熟芝麻

日式咖哩與烏龍麵：一個治愈人心的超強組合。在熱騰騰的烏龍麵上淋上咖哩，創造出雙倍的溫暖與滿足——所有種類的烏龍麵料理我都喜歡，但這可能是我的最愛。

作　法

在單柄鍋中倒入食用油，以中火加熱，並放入洋蔥，待洋蔥稍微上色，即可加入青辣椒、蒜末和紅椒煸香，直到蒜末軟化，紅椒的顏色也開始變深。

用漏勺將上述食材從鍋中撈起備用。在鍋中放入奶油，待奶油融化後，倒入麵粉，同時不斷攪拌，煮到麵糊呈淺金色，接著加入咖哩粉和葛拉姆馬薩拉，轉小火再煮幾分鐘，不時攪拌。隨後慢慢倒入肉湯或高湯，不停攪拌以防止結塊，並加熱至沸騰。沸騰後，倒入醬油、番茄醬或豬排醬，再次轉小火慢煮。

如果使用新鮮的玉米，可以先用滾水煮熟，然後切下玉米粒；如果使用罐裝的玉米，則可用單柄鍋或微波爐加熱。

按照包裝上的指示煮烏龍麵，然後從鍋中撈出瀝乾，分別盛入四個深碗中。淋上咖哩醬，再擺上玉米粒、炒洋蔥和紅椒、蔥花、雞蛋、乾辣椒、紅薑絲、起司絲（非必要），和芝麻。

冷烏龍麵或蕎麥麵配熱蘸醬

COLD UDON OR SOBA WITH HOT DIPPING SAUCE

4人份

在日本的烏龍麵店和蕎麥麵店，店家會以「ひやあつ」（hiya-atsu）——字面意思即「冷熱」——的方式提供餐點。麵條是冷的，而濃縮的肉湯則是熱的。這主要有幾個好處：首先，就算麵條在肉湯中浸泡太久也不會失去彈性；其次，麵條的溫度能降低肉湯的熱度，讓你在食用時也不怕燙嘴。客人們會在吃完麵後，將熱水倒入醬汁，接著把稀釋後的沾醬當成一種暖胃的湯品喝下肚。

作　法

將高湯、味醂、醬油和薑放入鍋中煮沸，在你準備麵條的同時保持小火煨煮。

根據包裝上的說明將麵煮熟（蕎麥麵用小火煮5至8分鐘；烏龍麵則用滾水煮1至5分鐘），接著將麵盛起瀝乾，再用冷水仔細沖洗。在沖洗的過程中輕壓並梳開麵條，藉此洗去麵條表面殘留的澱粉。此時的麵條應是光滑而非黏膩的。徹底瀝乾之後，輕輕按壓麵條以擠出多餘的水分。將麵條盛入盤子或淺碗中，另將熱肉湯裝入杯子或小的深碗裡。

擺上青蔥、海苔和芝麻粒作為點綴。食用時，夾起幾根麵條，放入醬汁中攪和，然後吸入口中。吃完麵後，將熱水倒入剩下的醬汁，然後小口啜飲，細細品味。

烏龍麵與蕎麥麵的配料

我很喜歡一碗單純只有麵和肉湯的烏龍麵或蕎麥麵——雖然簡單卻是絕配，堪稱完美——不過，這道料理搭配配料一起享用也十分美味。我會在接下來的幾頁介紹幾種方案，讓這道麵食變成一頓豐盛的晚餐，而不僅僅只是簡便的午餐。

難　度

非常簡單

600毫升（2½杯）濃郁高湯（如果想要從頭開始準備，可參考第168頁，使用一番高湯，或雙倍濃縮高湯粉）

120毫升（將近½杯）的味醂

150毫升（1杯）的醬油

1截2公分的生薑，切薄片，無需去皮

4份烏龍麵或蕎麥麵

2枝青蔥（春蔥），切花

½片海苔（用剪刀剪成細絲）

適量的熟芝麻

嫩煎鴨胸

PAN-ROASTED DUCK BREAST

可以做4碗麵的量

鴨肉在日式料理中並不常見，但卻經常出現在熱氣騰騰的烏龍麵和蕎麥麵上，它那恰到好處的肉香能與麵湯的風味完美融合。

難　度

簡單到不能再簡單

2茶匙的植物油

2片鴨胸，在表皮切出斜紋

2茶匙的醬油

2茶匙的清酒

2茶匙的味醂

作　法

將烤箱預熱至180℃（350℉）。在煎鍋（平底鍋）中倒入食用油，最好使用可以放進烤箱的鍋子，將鴨胸放入鍋中，鴨皮向下，以中火慢煎，這樣就可以逼出鴨皮含有的油脂及水分，將鴨皮煎得金黃酥脆。鴨皮那面需要煎4至5分鐘左右，直到鴨皮微焦上色，接著翻面再煎4至5分鐘。

根據鴨胸的大小，你可能會需要將它放入烤箱烤熟——如果是可以進烤箱的鍋子，就直接將煎鍋放入烤箱；如果不是，就將鴨胸移至烤盤上，再烤5至10分鐘。若家裡有肉類溫度計，可使用溫度計測量——要想煎出漂亮的粉嫩鴨肉，鴨肉內部的溫度應控制在55℃（131℉）和57℃（135℉）之間。

在此期間，將醬油、清酒和味醂混合均勻。將鍋子從烤箱中取出，放回爐子上以中高火加熱。將剛剛調好的醬汁倒入鍋中，讓醬汁收汁，同時將鴨胸兩面均勻裹上醬汁。靜置至少5分鐘後，再將鴨胸切成薄片。

香炒雞腿肉

STIR-FRIED CHICKEN THIGH

可以做四碗麵的量

和鴨肉一樣，雞腿肉那種鮮美而又不過於濃烈的風味，與日式高湯搭配起來非常和諧。這道配菜既像炒菜，又像省時版的燉菜，不僅適合作為湯麵的配料，而且單吃也很好吃，可以用來做一碗超級美味的蓋飯。

難　度

簡單到難以言喻

2茶匙的植物油

4片雞腿肉，去皮去骨，切細條

1截2公分厚的生薑，去皮，切絲

1撮現磨黑胡椒粉

2茶匙的醬油

1茶匙的味醂

1茶匙的清酒

1茶匙的細砂（特砂）

適量的熟芝麻

作　法

將食用油倒入煎鍋（平底鍋）或炒鍋，以大火熱油。放入雞腿肉和薑絲，拌炒約7至8分鐘，直到雞腿熟透。放入黑胡椒、醬油、味醂、清酒、砂糖和芝麻，持續翻炒至收汁變稠，關火上桌。

KAKIAGE

蔬菜天婦羅

TEMPURA FRITTERS

8至10份

這些酥脆可口的蔬菜餅，在日本是烏龍麵與蕎麥麵中最受歡迎的配料之一，而且這一點也不難理解。它們一開始是酥脆鮮甜的，到後面麵衣慢慢吸收湯汁，帶來飽滿多汁的美妙口感。

作　法

將紅蘿蔔、韭菜、玉米、四季豆，和魷魚或蝦子（非必要）放入碗中，與麵粉、鹽巴混合，使食材皆均勻沾上麵粉和鹽巴，接著靜置約20分鐘，直到鹽巴讓蔬菜稍微軟化。

在深煎鍋（平底鍋）或大的單柄鍋中熱油——如果你打算用半煎炸的方式處理，請以中高火以上的溫度加熱；如果你打算油炸，則應該將油溫控制在180℃（350℉）。

在混合好的蔬菜中倒入少許麵糊，夠讓蔬菜表面薄薄裹上一層麵糊即可。稍微攪拌一下，讓蔬菜皆均勻裹上麵糊，接著用漏勺撈起裹好麵糊的蔬菜，先瀝掉多餘的麵糊，再將蔬菜下鍋——必須確保你只用了足以讓蔬菜黏在一起的最少量的麵糊。用湯匙或筷子將蔬菜輕輕推進油裡，同時小心維持它們大致呈圓形的形狀。

煎炸5至6分鐘，期間翻面一次，直到麵衣呈金黃色。接著將天婦羅移至廚房紙巾上吸去多餘的油脂，再將它們放入湯麵，讓它們半泡在熱湯中。

難　度

簡單到覺得開心

1根蘿蔔，切絲

1枝韭菜，切絲

75克的甜玉米粒

50克的四季豆，切段，長約3公分

100克的魷魚，切薄片，或蝦子，大致切碎（非必要）

2茶匙的中筋麵粉

1大撮的鹽

1份天婦羅麵糊（見98頁）

約1公升（4杯）的食用油，油炸用

日式炒麵／日式炒烏龍

YAKISOBA／YAKIUDON

4人份

日式炒麵和日式炒烏龍都是炒麵料理，炒烏龍使用的當然是烏龍麵，但讓人想不透的是，日式炒麵（焼き蕎麦，yakisoba）用的卻不是蕎麥麵。這是因為在古代的日本，「そば」（soba）這個詞泛指所有的麵條，畢竟有幾百年的時間，蕎麥麵曾經是日本人「默認」的麵條。事實上，日式炒麵用的是中式的蛋麵或拉麵，因為蕎麥麵的麵體易斷，不適合用來製作炒麵。至於這份食譜要用蛋麵還是烏龍麵，完全取決於你個人的喜好——哪種麵更合你的胃口，就用哪種吧。

作　法

在炒鍋或大的煎鍋（平底鍋）中倒入植物油，以大火熱油，放入培根或培根丁，翻炒至稍微上色，然後下洋蔥和紅蘿蔔。稍微翻炒幾分鐘，直到洋蔥顏色開始變深，即可放入高麗菜、豆芽菜和香菇。再炒幾分鐘，直到豆芽菜軟化縮水，就接著倒入芝麻油、高湯粉、黑胡椒、醬油、豬排醬或伍斯特醬、味醂和清酒。

待醬汁收汁變稠，便放入麵條、紅薑絲和芝麻。隨後再拌炒幾分鐘，直到麵條充分吸收醬汁，即可將炒麵分裝至碗中，再依照個人的喜好撒上海苔絲和炒洋蔥，或加入美乃滋和柴魚片。

難　度

做起來不難，
吃光光更簡單

2茶匙的植物油

4片斑條培根，切條，或60克培根丁

2顆洋蔥，切成5公厘厚的薄片

1根紅蘿蔔，縱向對半切開，再斜切成薄片

¼顆高麗菜，切成1公分寬的條狀

300克的豆芽菜

150克的香菇，去梗，切薄片

1茶匙的芝麻油

½茶匙的日式高湯粉

1茶匙的現磨黑胡椒粉

4茶匙的醬油

4茶匙的豬排醬（見180頁），或伍斯特醬

2茶匙的味醂

1茶匙的清酒

4份煮熟的雞蛋麵、拉麵或烏龍麵

40至50克的紅薑絲

適量的熟芝麻

1片海苔，用剪刀剪成細絲

50克的炒洋蔥（非必要）

60克的日式美乃滋（非必要）

一小把柴魚片（非必要）

超乎想像的一小時速成
辣味噌拉麵

SURPRISINGLY AWESOME ONE-HOUR SPICY MISO RAMEN

4人份

要想在家做出好吃的拉麵其實很簡單，但要想做出極致美味的拉麵卻難如登天。光是我們餐廳的「基本款」拉麵，製作過程就相當複雜，需花費兩天的時間，畢竟拉麵上有8種配料，每一種都是我們自製的，花了我們不少心力。所以，儘管拉麵是我最愛吃的食物，我也幾乎不會在家做，就算做，基本上也都是用泡麵，再加上幾種簡單的配料裝飾而已。

可是就在幾年前，一家新開的日式餐廳找我當顧問，他們想要做拉麵，但他們沒有足夠的時間和空間來熬製大量的濃郁湯頭和準備多種配料。起初我想：那也沒辦法！這樣是不可能的，製作美味的拉麵是沒有捷徑的。但我後來想起我在2007年去札幌時，曾經去過一家名叫「けやき」（Keyaki）的拉麵店。他們用我從未見過的方式，在短短幾分鐘內就做出風味濃醇而富有層次的拉麵：他們先在炒鍋中加入味噌、豬絞肉和其他調味品並以大火翻炒，然後再與高湯混合。在炒製的過程中，肉末被炒到上色，味噌也散發出焦香，整體呈現濃郁的堅果風味。我決定試著採用類似的方法，結果非常成功。而這份食譜就是成果：一碗從頭開始製作、在1小時之內就能完成的美味拉麵。對我而言，簡直像獨角獸一樣稀有且令人興奮。

作　法

煮一大鍋熱水，再拿另外一個鍋子以小火慢煮雞湯。將味噌放入雞湯中，用打蛋器攪拌至溶解。

接下來：讓我們來準備辣味噌豬肉末吧。將韭菜對半切，將綠色部分切小段，白色部分則切成細絲，泡入冰水備用。

將切段的韭菜葉、味噌、番茄、洋蔥、大蒜、紅辣椒、乾辣椒粗粒、生薑、芝麻、胡椒、花椒或山椒，和鯷魚（非必要）倒入食物調理機，打成保有顆粒的糊狀。（如果家裡沒有食物調理機，也可以用手工的方式切碎，或是使用研磨缽搗碎。）將其與豬絞肉混合均勻，製成美味的豬肉糊。現在來到最重要的部分了：你需要一個**非常燙**的煎鍋或炒鍋。所以，在開始料理之前，把你最好、最耐用的鍋子放在大火上，預熱5至10分鐘。將食用油倒入鍋中，加入豬肉糊，不時攪拌，直到肉末變成濃郁的褐色。（請勿晃動或舉起鍋子，務必讓鍋子好好待在爐子上！）等到豬肉完全上色且熟透（大概需要10分鐘左右），即可關火，並拌入奶油，保溫備用。

難　度

一點也不難，
尤其考慮到拉麵通常
都得花好幾天的時間

1.4公升（5½杯）的無調味雞湯（不要用高湯塊！）

100克的味噌

2顆小白菜

150克的豆芽菜

4茶匙的芝麻油

4份拉麵——可以用乾燥拉麵，有泡麵更好，但新鮮的生麵無疑是首選

適量的鹽或醬油，用量可依照口味決定（非必要）

50克的帕瑪森起司，刨絲（非必要，但它超~級~美味）

4顆醬油溏心蛋（164頁），對半切開

辣味噌豬絞肉

1支韭菜，洗淨，去除腐葉

40克的味噌——如果可以的話，請使用紅味噌或麥味噌

1顆番茄

½顆洋蔥，大致切碎

4瓣洋蔥，去皮

1根新鮮紅辣椒

2茶匙的乾辣椒粗粒

1截2公分生薑，切薄片（無需去皮）

½茶匙的熟芝麻

¼茶匙的黑胡椒

½茶匙的花椒，或¼茶匙的山椒（非必要）

2片油漬鯷魚（非必要）

250克的豬絞肉（請勿用瘦肉！）

2茶匙的食用油

50克（3½茶匙）的奶油

將小白菜放入滾水汆燙1分鐘左右，使其稍微變軟，但依然保有脆脆的口感。用漏勺或篩子將白菜撈起，接著燙豆芽菜，時間僅需20至30秒即可。隨後將豆芽菜撈起，並倒入芝麻油。這個時候就可以調高火力，讓你的味噌雞湯煮至沸騰。

按照包裝上的指示煮麵—— 泡麵一般要煮2至3分鐘，乾燥拉麵4至5分鐘，生麵絕對不要煮超過1分鐘（你可以用剛剛燙青菜的水來煮麵），然後瀝乾。在深碗中倒入300至350毫升的高湯，放入麵條，並將麵條弄散。接著倒入一半的辣味味噌，和麵條拌勻。試一下湯底的味道，依照需求加鹽或醬油調整。將剩下的豬肉末、帕瑪森起司、瀝乾的韭菜和溏心蛋擺在麵上。趁熱享用，別忘了大口吸麵！

干貝培根拉麵

RAMEN WITH SCALLOPS, BACON AND EGGS

4人份

難　度

比這本食譜寫到這裡
還要想出另外一種講「不難」的方
式要簡單得多

這款簡單卻令人驚艷的拉麵，靈感來自倫敦比林斯蓋特魚市（Billingsgate fish market）的一家咖啡廳。那裡有我最喜歡的早餐：干貝培根三明治。當然，干貝和培根本來就是經典搭配，但把它們當早餐吃，那又是一種特別奢侈的享受。我特別推薦你在早餐時享用這款清爽卻美味的拉麵——尤其是在你宿醉的時候。

1枝韭菜，只留韭白，切絲

8片斑條培根

40克（3茶匙）的奶油

4顆肥美的大干貝，或是12顆小干貝

少量的白酒或清酒

1.2公升（5杯）的雞高湯或魚高湯

1½茶匙的味醂

2茶匙的日式高湯粉（用量可依照口味調整）

適量的鹽巴

4份拉麵

4顆水煮蛋、半熟蛋或醬油溏心蛋（見164頁），對半切開

2茶匙的辣椒油（用量可依照口味調整）（非必要）

適量的熟芝麻

50克的豌豆苗

適量的黑胡椒

作　法

將切好的韭菜絲泡在冰水裡。將培根放入煎鍋（平底鍋）中，以中火煎至金黃酥脆，然後放在廚房紙巾上吸去多餘的油脂。同一時間，在鍋中放入奶油，待奶油融化後，接著放入干貝，兩面各煎2至3分鐘（如果是小干貝，則兩面各煎1分鐘），直到干貝均勻上色，即可從鍋中取出備用。在鍋中倒入白酒或清酒，加熱至酒精發揮。

刮起黏在鍋面的殘留物，將之倒入單柄鍋中，接著倒入高湯和味醂，加熱至沸騰。放入高湯粉和鹽巴，試一下味道，並依照口味進行調整。將干貝橫向切成3等分（如果是小干貝，則可保留完整的一顆），並將煎好的培根大致切碎。

拿出另外一個單柄鍋，裝滿水煮沸，並依照包裝上的指示將拉麵煮熟。用長柄勺撈起或直接將高湯倒進深碗，將煮好的拉麵瀝乾，放入高湯中。瀝乾切好的韭白。將雞蛋、韭白、切碎的培根、干貝和豌豆苗擺在麵上，加入辣椒油（非必要），並撒上芝麻和黑胡椒。

HIYASHI CHUKA

中華涼麵

RAMEN SALAD WITH SESAME DRESSING

4人份

難　度

真心不難

我有非常嚴重的「麵癮」——老實說，我沒辦法忍受一兩天不吃好幾種不同的麵。

這麼常吃麵有一個問題，那就是吃麵通常都需要搭配濃郁的湯底或醬汁，因此你很容易就會吃得太飽。所以每當我想解解饞又不想吃得太撐時，這道中華涼麵就是絕佳的選擇。醬汁的味道濃醇卻不油膩，而且這道料理含有大量的蔬菜。如果想把這道麵食當成晚餐而非午餐，你只需要再多加一份蛋白質即可。

100克的綜合葉菜——試著混合口味略帶辛辣的和不辣的，以及口感爽脆和軟嫩的綠葉菜——我個人喜歡豆苗和芝麻葉

½根小黃瓜，切絲

100克的小番茄，切四等分

80克的櫻桃蘿蔔，切薄片

250毫升（1杯）的胡麻醬（見181頁），加一點水和鹽或醬油稀釋

4份拉麵，煮至彈牙，並以冷水沖洗

4顆水煮蛋，或醬油溏心蛋（見164頁），對半切開

4片火腿，或2塊煮熟的雞胸肉，或300至400克左右的煙熏豆腐或滷豆腐，切片（非必要）

作　法

將綠葉菜、黃瓜、番茄和櫻桃蘿蔔混合均勻。胡麻醬淋在拉麵上，盛入淺碗，再將葉菜、雞蛋和蛋白質（非必要）擺在麵上。

AJITSUKE TAMAGO

醬油溏心蛋

SOY-MARINATED EGGS

可以做6顆小顆的溏心蛋

難　度

超級簡「蛋」

醬油溏心蛋算是拉麵裡一種加分的配料，但是對我來說，要是一碗拉麵沒有它，就總覺得少了點什麼。而且，它非常容易製作，也很適合當點心吃。

6顆小的冷藏雞蛋

150毫升（⅔杯）的醬油

50毫升（¼杯）的味醂

作　法

煮一鍋水燒開，放入雞蛋，煮6分20秒，不能多也不能少。這樣蛋白就會完全煮熟，蛋黃外層稍微凝固，接近中心的地方呈濃稠的膏狀，同時保持正中央的流心。就我而言，這樣的狀態是最完美的——不過，這個時間只適用於比較小的蛋。如果你用的是大顆的雞蛋，就需要煮6分40秒。如果你用的是常溫蛋，則可少煮20秒。

煮好後立刻將蛋泡在冷水中降溫，接著剝去蛋殼，將雞蛋浸入醬油與味醂中，浸泡的時間越久越好（但如果你沒有太多時間也不必擔心，只要泡大概半小時就已經有足夠的風味了）。

基本款醬料

6

定番の調味料

多數日本家常菜的烹飪技巧對你來說應該都不算陌生——基本上就是翻炒、燒烤或水煮這些常見的方式。在許多情況下，讓一道料理變得「日式」的並非烹飪方式，而是風味。本章介紹了一些能為日常食材或菜餚增添日本風味的醬料和調味品，我建議你一次多做一些備著，以便隨時滿足你對日式料理的渴望。

與調味品

從頭熬製高湯

DASHI FROM SCRATCH

每份食譜可製作約500毫升（2杯）

難　度

一點都不難，但要買到柴魚片
可能會需要費點心思。
如果買不到的話也不必擔心，
這正是高湯粉存在的意義

高湯是日式料理的靈魂——它是日式風味的精髓，更是眾多菜品的核心食材。我由衷地推薦你使用高湯粉來製作高湯——它不僅味道好、作法簡易、價格親民，而且絕對不算作弊——除非你認為大部分的日本家庭都作弊，這麼說就太不公平了！不過，了解如何從頭熬製高湯的方法，仍是很有用的知識，而且成果保證美味。其實製作方法一點也不困難，比較難的是要找到（或者説狠下心購入）柴魚片——熬製高湯的關鍵食材之一。如果你決定奢侈一回，我強烈建議你按照下面的指示，製作二番（第二道）高湯，這樣才不會對不起你花的錢。你甚至可以將煮過的柴魚片再用第三次，做成自製的拌飯香鬆（見182頁）！二番高湯的風味比一番（第一道）高湯來得更清淡，所以最好和一番高湯搭配使用，或是用在不需要濃郁高湯的料理上。你也可以用等量的高湯粉來提升二番高湯的濃度，這樣既能保留一部分真材實料的高湯的風味和香氣，同時又兼顧了經濟性與方便性，簡直是一舉兩得！

一番高湯

10克的昆布（約10×10公分的方形）

600毫升（將近2½杯）水（如果你真的很講究，可以使用瓶裝水，像是富維克或Smart Water，以便熬製出更醇厚的風味）

20克的柴魚片

二番高湯

一番高湯使用過的昆布和柴魚片（見上方）

600毫升（將近2½杯）的水

作　法

一番高湯：將昆布用冷水稍微沖洗過後，放入單柄鍋倒入開水，開小火。昆布最容易在冷水和接近沸點的溫度之間釋放風味，因此在這個溫度區間停留得越久，高湯的風味就會越濃醇鮮美。當水剛剛開始冒泡，僅有幾個小氣泡浮到水面時，將昆布從鍋中取出。維持小火，加入柴魚片，燉煮約5分鐘後關火。待柴魚片沉到鍋底，靜置15分鐘左右，接著用篩網撈出柴魚片和昆布，擠出柴魚片中的最後一滴精華！

二番高湯：這一次，你需要用更大的火力，才能從用過的昆布和柴魚片中提取更多的風味。將昆布和柴魚片放入單柄鍋中，倒入開水並煮至沸騰。大概滾10分鐘左右，然後轉小火再煮20分鐘。關火靜置10至15分鐘，接著用篩網撈出柴魚片和昆布——別忘了好好擠壓柴魚片。這一次，你就可以安心地扔掉昆布和柴魚片了，或是把它們留下來另作他用（不過很抱歉，你已經不能再用它們熬高湯了）。

將高湯裝入密封的容器，可以在冰箱中冷藏保存最多一個星期，或是倒入製冰盒或小型容器中冷凍保存，可以保存長達好幾個月，期間隨取隨用。

日式甜醬油

SWEET SOY SAUCE

可製作350毫升（將近1½杯）

難　度

非常簡單

這款醬汁經常以不同的形式，用於各式日本菜餚，最常見的作法是照燒（照り焼き，teriyaki）和蒲燒（蒲焼，kabayaki）——前者幾乎能與各種食材做搭配，而後者則主要用在油脂豐富的魚類，尤其是鰻魚。不管你用什麼名字叫它，它之所以會如此普及是有原因的：它實在是太好吃了。甘甜、鹹香且鮮味十足，它是能讓人以低廉的價格，做出滿足人類味蕾美食的夢幻逸品。你可以嘗試搭配以下食材：雞肉、豬肉、牛肉、鴨肉、火雞、鮭魚、鱒魚、鯖魚、鮪魚、海鱸魚、鱈魚、劍魚、干貝、豆腐、菇類、節瓜、南瓜、雞蛋，或是我最喜歡的烤紅蘿蔔。照燒紅蘿蔔簡直好吃到不行！

200毫升（將近1杯）的醬油

200毫升（將近1杯）的味醂

100毫升（將近½杯）的清酒、水或高湯（主要是為了中和醬油的鹹味）

100克（½杯）的深紅糖

4瓣大蒜，帶皮拍碎（非必要）

1截4公分的生薑，切薄片，無需去皮（非必要）

2至3茶匙的玉米粉（玉米澱粉），與1茶匙的冷水混合，攪拌至呈糊狀

作　法

將除了玉米粉糊之外的食材倒入單柄鍋中，開火煮沸。接著轉小火煨煮，直到醬汁有稀糖漿的稠度——這時體積應減少四分之一。將大蒜和薑片（非必要）從鍋中取出，將玉米粉糊邊攪拌邊倒入鍋中，加熱至醬汁變得滑順濃稠。靜置冷卻後，裝入密封容器，放入冰箱冷藏，即可長期存放。

甜味噌醬

SWEET MISO SAUCE

小份量可以做180毫升（¾杯）左右
大份量可以做540毫升（2大杯）左右

這款醬料，或者它的各種微調版，或許是我在做日式料理時最常使用的武器。它的核心風味來自味噌的絕妙滋味，加上恰到好處的甜味與酸味。它完全適用於任何食材（真的，試試看抹在塗了奶油的吐司上），可以作為醃醬或醬料，而且它在焦糖化之後，風味還能變得更甜、更有層次，所以我特別喜歡把它用在燒烤或烤箱料理上——比方說，味噌烤茄子和甜味噌烤鱈魚（見50頁與105頁）。

一般來說，如果要搭配魚肉、豆腐或味道清淡的蔬菜，建議你使用白味噌；如果要搭配肉類或是肉質肥厚的蔬菜，例如茄子或菇類，則建議使用紅味噌。不過其實兩種味噌用在各類食材的效果都不錯，所以無論你喜歡哪種味噌，這款醬料的適用範圍都非常廣泛。

作　法

將所有食材攪拌均勻，直到砂糖溶解。這款味噌醬放入冰箱後，即可長期保存，幾乎不會變質。

難　度

非常簡單

小份量

100克的味噌

2茶匙的味醂

2茶匙細砂（特砂）或粗砂糖（原糖）

1茶匙的水，或清酒

½茶匙的醋

大份量

300克的味噌

90毫升（6茶匙）的味醂

60克（將近⅓杯）的細砂（特砂）

3茶匙的水，或清酒

1½茶匙的醋

鰹魚露

TSUYU

小份量可以做300毫升（1¼杯）左右
大份量可以做540毫升（稍微超過2杯）左右

這款經典的蘸醬極具日式風味。這也難怪，畢竟它主要由高湯和醬油組成，這兩者正是最具代表性的日式風味。它不僅是天婦羅和涼麵不可或缺的靈魂醬汁，還能為各種日本料理增添鮮味，從火鍋到燉菜和炒飯皆可使用。

作　法

將所有食材混合均勻即可。至於醬油的用量，則取決於鰹魚露的用途：如果是用來搭配天婦羅或烤魚，口味就不適合太鹹，應該少放點醬油；如果是用作蘸麵的醬汁，口味最好濃郁一些，可以多放點醬油。不過，主要還是看你的口味，你可以先少放一點醬油，然後邊試味道邊調整。鰹魚露可冷藏保存數日。

難　度

和困難大大相反

小份量

2至6茶匙的醬油

2茶匙的味醂

180毫升（¾杯）的日式高湯

大份量

60至180毫升的醬油

4茶匙的味醂

360毫升（將近1½杯）的日式高湯

柑橘醬油

PONZU

小份量可以做90毫升（⅓杯）左右
大份量可以做280毫升（稍微超過1杯）左右

柑橘醬油是我最喜歡的日式調味品之一，它結合了醬油甘醇的鮮味，以及檸檬清新的酸甜，非常適合用來搭配魚肉、煎餃、天婦羅和各類蔬菜。此外，添加奶油風味更佳，奶油可以平衡柑橘醬油的酸味，讓醬油的口感更為香甜。

作　法

將所有食材攪拌均勻，直到砂糖溶解。裝入密封容器，可冷藏保存至多一個月。

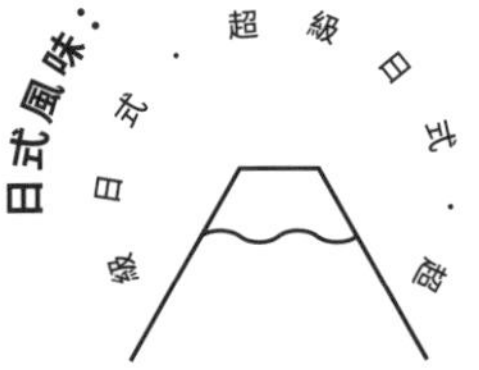

難　度

就跟擠檸檬一樣容易

小份量

4茶匙的醬油

1½茶匙的檸檬／青檸汁（你可以擇一使用，或是兩種混合使用）

1茶匙細砂（特砂），或粗砂糖（原糖）

1茶匙的醋

大份量

200毫升的醬油

4茶匙的檸檬／青檸汁（你可以擇一使用，或是兩種混合使用）

1½茶匙的細砂（特砂），或粗砂糖（原糖）

1茶匙的醋

拉麵店的辣椒油

RAMEN SHOP CHILLI OIL

可以做300毫升（1¼杯）左右

喜歡拉麵和煎餃（還有各類扁食）的人，一定對這款桌上常見的調味品很熟悉，它為許多不同的日本美食帶來了一種教人上癮的麻辣滋味與濃郁香氣。

作　法

將植物油、蒜末、紅蔥頭和薑末放入單柄鍋中，以中火加熱。當蔬菜開始滋滋作響時，不時拌炒，以防止沾鍋。待蔬菜稍微上色，即可關火，利用鍋中的餘熱讓蔬菜慢慢變成淡淡的古銅色。加入八角、乾辣椒和花椒（非必要）。

靜置冷卻，不時攪拌，直到辣椒油冷卻至室溫——大概需要1小時。撈出八角，並將剩下的全部倒入玻璃罐中。這款辣椒油可以室溫保存三個月，三個月後就會開始變味變質——不過我敢打賭，你一定會在那之前把它用完！

難　度

不是很難

300毫升（1¼杯）食用油

6瓣大蒜，切末

2顆紅蔥頭，或1顆香蕉紅蔥，切碎

30克的生薑，去皮，切末

4顆的八角

20克的乾辣椒粗粒

1茶匙的花椒（非必要）

七味粉

SHICHIMI TOGARASHI

小份量可以做125克（½杯）左右
大份量可以做250克（1杯）左右

七味粉，全名七味唐辛子，是我最愛的萬用調味品，只要覺得某道菜少了點什麼，我就會撒上一些。七味粉就像升級版的辣椒粉，它不只有辣味，還融合了堅果味與花香，層次豐富，而且非常百搭（你可以試試看撒一些在巧克力冰淇淋上！），因此你經常可以在日本餐廳的桌上看見它。七味粉和醬油就像日本的鹽和胡椒——一對拯救食物平淡無味的超級英雄。順帶一提，七味粉沒有固定的配方，你可以依據自己的喜好調整下方食譜的成分和用量（如果你能找到乾橙皮，加一點進去味道會很棒）。

如果只是用來當作桌上的調味品，只要做小份量即可；如果打算用於湯品或是醃肉和醃魚的醃料，那就可以多做一些。

作　法

將所有食材倒入玻璃罐，關緊蓋子，然後搖、搖、搖！室溫最多可保存六個月，或是直到香氣變淡為止。

難　度

非常簡單

小份量

4茶匙的辣椒粉（種類和辣度可以按照你自己的喜好選擇，但我推薦溫和一點的，我個人最喜歡韓國辣椒粉）

2茶匙的海苔酥

1茶匙的花椒粉

2茶匙的熟芝麻

2茶匙的薑粉

2茶匙的白胡椒粉

2茶匙的罌粟籽

大份量

125克的辣椒粉

4茶匙的海苔酥

2茶匙的花椒粉

2茶匙的熟芝麻

1½茶匙的薑粉

1½茶匙的白胡椒粉

1½茶匙的罌粟籽

日式豬排醬

TONKATSU SAUCE

可以做600毫升（2½杯）左右

難　度

Not difficult

200毫升（將近1杯）的伍斯特醬

4茶匙的醬油

2茶匙的味醂

2茶匙的深紅糖

1½茶匙的醋（麥芽醋或米醋，或者混合使用）

½顆洋蔥，切碎

8顆椰棗，或3茶匙左右的葡萄乾，切碎

½顆澳洲青蘋（Granny Smith），去皮磨碎

1茶匙的辣味芥末（英式、中式或日式皆可）

1大撮的大蒜粉

1大撮的白胡椒

200毫升（將近1杯）的番茄醬

這款類似伍斯特醬、酸甜夾雜、鹹香與果味並存的棕醬，是大阪燒、章魚燒、炸豬排和日式炒麵中的靈魂醬汁——現代日式料理經常使用這款醬汁的各種版本。我以前開烹飪課的時候教學生們做過這款醬汁，當時有位學生嚐了一口便驚呼道：「噢！你教會了我們怎麼做棕醬。」沒錯，日式豬排醬確實帶有濃厚的英式風味，口味介於HP醬和布蘭斯頓泡菜（branston pickle）之間，但又蘊含一絲日式風味，進一步加強了鮮味與甜味。此外，它和美乃滋堪稱絕配。

不過，這款醬汁並沒有固定的配方。就一般而言，如果是要配大阪燒，可以把味道調得甜一點（多加一點糖）；如果是要配炸豬排，可以把味道調得酸一點（多加一點醋或伍斯特醬）；如果是要配日式炒麵，就可以把質地調得稀一點、味道調得更濃郁（多加一點醬油或伍斯特醬）。

作　法

將伍斯特醬、醬油、味醂、紅糖、醋、洋蔥、椰棗或葡萄乾，和蘋果放入一個小的單柄鍋中，混合均勻後加熱至小滾，燉煮約10分鐘，直到洋蔥和椰棗（或葡萄乾）變得非常軟。接著加入芥末、大蒜粉、白胡椒和番茄醬，然後倒入果汁機中打細（如果想要更細膩的口感，可以再用篩子過濾一次）。

將打好的醬汁倒入密封容器中，放入冰箱冷藏，即可長期保存。專業建議：這款醬汁與英式熱狗堡和培根漢堡搭到不行！

胡麻醬

SESAME SAUCE

可以做470毫升左右(將近2杯)

難　度

不難

這款濃醇絲滑的美味醬料，非常適合搭配生菜沙拉和烤蔬菜，或是在肉類以燒烤、油炸或蒸煮等方式處理過後，當做蘸醬一同享用。如果你打算做壽喜燒（見108頁）或相撲鍋（見109頁），那一定得準備這款醬汁！

- 5茶匙的熟芝麻
- 5½茶匙的中東芝麻醬(tahini)
- 4茶匙的味醂
- 4茶匙的醋
- 3茶匙的芝麻油
- 3茶匙的植物油
- 3茶匙細砂(特砂),或粗砂糖(原糖)
- 2½茶匙的醬油
- 1½茶匙的辣芥末
- 1至2撮的大蒜粉
- 1至2撮的白胡椒
- 1至2撮的高湯粉(非必要)
- 適量的水
- 適量的鹽

作　法

用研磨缽、食物調理機或香料研磨器，將芝麻磨成粗粒。與剩下所有的食材混合，調製成質地滑順的醬料。如果打算做成沙拉醬或蘸醬，可適量加水和鹽調整濃度與鹹度；如果打算做成料理用的醬料，則無需加水，保持醬料原本濃稠的狀態即可。

拌飯香鬆

FURIKAKE

可以做足以搭配約30碗白飯的份量

難　度

一點難度都沒有

就算是愛吃白飯的人，有時候也會覺得單吃白飯有點無趣，這種時候，拌飯香鬆就派上用場了——它是一種鹹甜交織且香氣四溢的調味品，只要撒在飯上，就能立刻讓白飯的味道豐富起來。在日本，拌飯香鬆有很多種口味可以選擇，但大部分都是由芝麻、海苔和鹽組成的。只要這三種配料，就能幫助你度過吃膩白飯的時期。

20克的熬製過高湯的柴魚片（見168頁），擠乾水分（非必要）

100克（約¾杯）的熟芝麻

3茶匙的海鹽，稍微搗碎

½茶匙細砂（特砂），或粗砂糖（原糖）

2片海苔，或2茶匙的乾海帶，或是類似的乾燥藻類

作　法

如果使用柴魚片，先將烤箱預熱至100℃（210℉）。將柴魚片切碎，切得越碎越好，然後鋪在烤盤上，放入烤箱烤45分鐘左右，直到柴魚完全變乾，即可從烤箱取出，放涼備用。

將芝麻倒入碗中，加入鹽和砂糖，混合均勻。

用剪刀將海苔剪碎，如果你用的是乾海帶，則可使用研磨缽、食物調理機或香料研磨器，將其磨碎。將海苔（海帶）拌入芝麻中，如果有用柴魚片，也一併拌入。最後裝入玻璃罐中，可常溫保存至多三個月。

甜品

7

デザート

在傳統的日式料理中，其實沒有「飯後甜點」的概念，甜食通常作為零食或茶點享用，但這並不表示日本就沒有可以滿足你甜點胃的選擇——蛋糕、酥皮糕點、聖代在日本都非常流行，且往往融合了日本當地的食材，或是結合日本傳統的甜食。本章收錄了幾款作法簡單又具獨特日式風味的甜品，為你的一餐畫上完美句點。

長崎蛋糕

CASTELLA

可以做8至10片

難　度

一點也不難

長崎蛋糕是日本最受歡迎的糕點之一，由葡萄牙商人於17世紀傳入長崎。它本質上是一種輕盈的海綿蛋糕，一般會單獨配茶享用，但有時也會放上冰淇淋、鮮奶油和新鮮水果。

- 4顆雞蛋，分開蛋白、蛋黃
- 140克（$\frac{3}{4}$杯）的貳砂
- 2茶匙的全脂牛奶
- 2茶匙的蜂蜜
- 30克（$\frac{1}{4}$條）的奶油，加熱至融化，另備少許用於塗抹烤盤
- 1茶匙的香草精
- 1顆橘子的橙皮，磨碎
- 140克（1杯）的高筋麵粉
- $\frac{1}{2}$茶匙的泡打粉（發粉）

作　法

將烤箱預熱至180℃（350°F）。如果家裡有的話，可使用電動打蛋器將蛋白打至發泡。接著分次加入砂糖，同時不斷攪拌，直到形成厚實的山峰狀。

在另一個碗中，將蛋黃、牛奶、蜂蜜、融化的奶油、香草精和橘皮混合均勻，接著將之倒入打好的蛋白霜中。用從下往上翻的方式將麵粉一點一點拌入，攪拌至麵糊細膩滑順。

在450克的吐司模具中，鋪上一張抹了薄薄一層奶油的不沾烘焙紙，將麵糊倒進模具中，輕輕搖晃使麵糊表面平整，接著將模具在桌面敲幾下，以震出氣泡。

放入烤箱烘烤約40分鐘，途中將模具翻轉一次，以確保受熱均勻。烤好後取出，靜置5至10分鐘稍微冷卻，然後將模具倒扣在一張廚房紙巾上，將蛋糕從模具中倒出。待完全冷卻後，再將蛋糕切成工整的長方形。

可以搭配冰淇淋、鮮奶油、水果、味噌奶油糖醬（見191頁）或黑糖漿（見196頁）一起享用。

抹茶馬斯卡彭奶酪

MATCHA MASCARPONE POTS

4至6人份

難　度

簡單到你應該
能在15分鐘內完成

2茶匙的全脂牛奶

1茶匙的抹茶，另備少許裝飾

1茶匙香草精，或1根香草莢香草籽

500克（稍微超過2杯）的馬斯卡彭起司，室溫

75克的法式酸奶油

100克（½杯）的細砂（特砂）

1小撮的鹽

抹茶就像是綠茶界的義式濃縮——濃郁醇厚且短暫鮮明。它的苦味對有些人來說能夠提振精神，對另一些人而言卻難以接受。不過正是這種濃烈的風味，讓抹茶在甜點中表現得如此出色——尤其是搭配馬斯卡彭或其他類似的奶油乳酪時。這是享用抹茶最簡單的方式，即便你不喜歡單喝抹茶。

作　法

將牛奶和抹茶攪拌在一起，盡量打散結塊，直到牛奶變成類似顏料般濃稠光滑的質地。加入香草並攪拌均勻，接著放入馬斯卡彭起司、法式酸奶油、砂糖和鹽。

持續攪拌至整體均勻融合，呈現滑順的質地，然後繼續攪拌，讓整體變得更蓬鬆、更有空氣感。基本上，你是用馬斯卡彭的脂肪做出類似生奶油的口感。待出現柔軟的尖角時即可停止攪拌，用湯匙舀進茶杯或玻璃杯中，最後在上面撒一點抹茶粉，即可享用。

味噌奶油糖香蕉船

MISO BUTTERSCOTCH BANANA SPLIT

4人份

難　度

超級簡單
不必蕉慮

我人生中買過最蠢的東西之一，是一台翻新過的雙口味霜淇淋機。聽起來很有趣吧？可是它花了我2千3百歐，重150公斤，沒有保固，機器常常過熱，基本上從來沒有正常運作過。我勉強用了一年，直到它徹底報廢（它把我的冰淇淋混料攪成了奶油，而不是霜淇淋！），我才終於把它扔掉。同時這也害我們餐廳完全無法供應甜點，我必須在短時間內構想出不會用到烤箱的新甜點（我們餐廳的烤箱超爛，之前有試著用它烤過泡芙，結果只做出一種半膨脹的燒焦鬆餅）。這是我當時想出來的第一份食譜，後來也一直是我們最熱賣的甜點品項，我想那是因為它真的好吃到不行，而且做起來也毫不費力。

100克（½杯）的深紅糖

25克（將近¼條）的奶油

30克的味噌（我個人偏好深色味噌，但不管用哪種味噌都行）

1茶匙的香草精

200毫升（將近1杯）的重鮮奶油／雙倍鮮奶油

25毫升（1茶匙，外加2茶匙）的黑蘭姆酒

4根香蕉

8至12球冰淇淋（建議選擇的冰淇淋口味：香草、奶油胡桃、海鹽焦糖、果仁糖奶油、牛奶焦糖醬、愛爾蘭奶酒，還有——如果買得到的話——肉桂。）

25克的核桃，大致切碎

25克的花生，大致切碎

香脆的乾麵（非必要）

1份生拉麵，或蛋麵

適量的食用油，半煎炸用

作　法

首先調製味噌焦糖醬，在單柄鍋中放入紅糖和奶油，以中火加熱融化。接著放入味噌，攪拌均勻，並打散結塊。倒入香草精和一半的鮮奶油，加熱至小滾後關火。

再來做乾麵，在鍋中倒入約1公分深的食用油，以中高火加熱，接著分次放入麵條。炸至金黃香脆，即可用漏勺撈起，放在廚房紙巾上吸去多餘的油脂。

將剩下的鮮奶油與黑蘭姆酒攪拌均勻，直到形成柔軟的尖角。將香蕉從中間縱向切開，放上冰淇淋和蘭姆奶油，淋上味噌焦糖醬，最後撒上核桃、花生和乾麵（非必要）。

DORAYAKI

紅豆銅鑼燒

SWEET AZUKI BEAN PANCAKE SANDWICHES

可以做6份銅鑼燒

大多數日本家庭，甚至是餐廳的廚房，都沒有烤箱——但這並不代表他們就沒辦法做（吃）蛋糕。許多日本的家中掌廚者想出了用微波爐或飯鍋做蛋糕的聰明點子，可是就算沒有這些設備，也依然可以用這份食譜滿足偶爾想吃蛋糕的心情，而且它的作法比真正的蛋糕更加簡單快速。

作　法

如果你打算自己做紅豆餡，先把紅豆瀝乾，再在單柄鍋中加入砂糖和少量的水混合均勻。以中高火加熱，不時攪拌，直到水分完全蒸發，且紅豆變得非常軟爛。如果喜歡有顆粒感的紅豆餡，可以用叉子壓碎；如果喜歡綿密滑順的紅豆餡，則可使用食物調理機打成泥，然後過篩，讓餡料變得更加細緻。完成後，先放涼備用。

將雞蛋打入碗中，加入砂糖攪拌，直到蛋液顏色變淡且質地滑順。加入蜂蜜和食用油拌勻。在另一個碗中倒入泡打粉和高筋麵粉，將蛋液一點一點分次倒入麵粉中，同時不斷攪拌以均勻混合，並打散結塊。加入牛奶和醬油（非必要），攪拌均勻。

拿出一個不粘煎鍋（平底鍋）或煎盤，開中小火（如果不確定，寧可直接開小火，因為麵糊裡的蜂蜜和砂糖很容易燒焦），並倒入少量食用油。用廚房紙巾將油抹在四周鍋壁——只需要薄薄的一層，不要抹太多。用一個小湯匙或長柄勺將麵糊舀進鍋中，形成小小的圓形鬆餅（如果擔心太快就把麵糊用光，可以用量杯平均分配），然後蓋上鍋蓋。煎到麵糊表面出現氣泡時翻面，接著繼續煎至熟透。重複這個步驟，直到用完所有麵糊——總共可以做12片鬆餅——即可關火，放涼備用。

待鬆餅冷卻後，取一片抹上紅豆餡，再蓋上另一片鬆餅就大功告成了。搭配熱茶一同享用，風味更佳。

難　度

比簡單還簡單，
簡直是易如反掌

300克的甜紅豆餡，或200克（稍微超過1杯）的煮熟的紅豆（罐頭的也可以），和80至100克的貳砂，用量可依照口味調整

2顆雞蛋

100克（½杯）的貳砂

2½茶匙的蜂蜜

1茶匙的食用油，另備少許煎麵糊用

½茶匙的泡打粉（發粉）

150克（稍微超過1杯）的高筋麵粉

3½茶匙的全脂牛奶

½茶匙的醬油（非必要）

SATA ANDAGI

沖繩甜甜圈淋黑糖漿

OKINAWA-STYLE DOUGHNUTS WITH BROWN SUGAR SYRUP

可以做約20個甜甜圈

在沖繩，這種油炸點心叫做「サーターアンダーギー」（sata andagi），直譯過來就是「油炸砂糖」。不過這個名字有點誤導，因為它們其實不算很甜——至少甜甜圈本身不甜，但只要淋上傳統的黑糖漿或黑糖蜜（kuro-mitsu），它們就會搖身一變，立刻變成黏稠且令人滿足的可口點心。

作　法

先來調製黑糖漿，將水和黑糖放入單柄鍋中，加熱至沸騰，不停攪拌直到黑糖融化，然後放涼至室溫備用。

將雞蛋打散，與細砂攪拌至質地細緻且顏色變淺（如果有電動攪拌機，請務必使用），接著加入蜂蜜、融化的奶油和香草精拌勻。在另一個碗中倒入泡打粉和高筋麵粉，將蛋液一點一點分次倒入麵粉中，同時不斷攪拌以均勻混合。

將麵糊放入冰箱冷藏，靜置約半小時。

在大的單柄鍋或湯鍋中倒入食用油，注意油位不要超過鍋壁的一半，加熱至160℃（320℉）。用兩支湯匙挖取麵糊，捏成小圓球，接著直接放入（動作要輕）油鍋中。油炸8至10分鐘，期間適時翻動，直到甜甜圈表面呈金黃色且內部熟透（如果不確定的話，可以切開一顆檢查）。

將甜甜圈放在廚房紙巾上吸去多餘的油脂，然後趁熱裹上一層白砂糖。上桌前，可以將黑糖漿另外裝在小碟子裡，或是直接淋在甜甜圈上。

難　度

毫無難度可言

2顆雞蛋

40克（將近½杯）的細砂／特砂，另備一些裹在甜甜圈表面

2茶匙的蜂蜜

1茶匙的融化的奶油

1茶匙的香草精

200克（1½杯）的高筋麵粉

½茶匙的泡打粉（發粉）

適量的食用油，油炸用

黑糖漿

150毫升（⅔杯）的水

250克（1¼杯）的黑糖，或糖蜜

飲

品

8

飲み物

在日本有句俗語:「笨貓才會在清酒與鯖魚中選擇,聰明的貓全部都要。」其實日本並沒有這種說法,而且我也不建議你拿清酒去餵貓,我想要表達的是,日本酒都很好喝,無論是在平日晚餐還是在特殊場合中,都能完美襯托出日式料理的美味。

EDO

關於買酒與飲酒的新手指南

清

酒

這是事實：

清酒很讚

這也是事實：

清酒種類多又複雜！

許許多多不同的名字、不同的編號、不同的酒廠、不同的產區、不同的風味、不同的等級，以及不同的釀造方式。要吸收的資訊量非常龐大，事實上，就連擁有長年買酒與飲酒經驗的人，光靠標籤也未必能精確掌握清酒的風味。但只要了解一點相關知識，就能幫助你找到心儀的清酒。（而且就算你不喜歡，那也沒關係，大不了就拿來做菜！）

首先，我得先告訴你一個壞消息：真正好喝的清酒，價格並不便宜。雖然很遺憾，但這是不爭的事實——由於進口關稅和運輸成本，要在英國買一瓶真正好喝的清酒，沒花十五歐是不可能的。不過，對於清酒的喜好是很個人的事，如果你就是喜歡平價酒款的風味，那就盡情享受吧！像我就很喜歡一款名叫「鬼ころし」（Oni Koroshi）的清酒，它都是被裝在紙箱裡，像果汁一樣，平價卻讓人滿足。而且它的口感遲得要命，香味粗糙卻教人上癮，一不小心就容易喝多。

所以如果你剛開始接觸清酒，最好的入門方式就是……什麼都試一試。我會建議你買一瓶平價的、一瓶高級的、一瓶特別的——這個我待會再解釋。我們還是先來講一些基礎知識。大多數用來釀酒的米在釀造前都會先經過「精米」的步驟，這是為了洗掉白米表層的蛋白質與其他雜質，讓內部的純澱粉露出來，這樣發酵起來更乾淨，風味也更香濃。這道程序決定了清酒的等級，不過還有另一項標準，就是看有沒有添加蒸餾酒，它會影響到清酒的風味、價格和品質感受。有時候，添加蒸餾酒是為了讓香氣更加突出，所以高級的清酒也可能額外添加蒸餾酒——不過，如果加蒸餾酒只是為了增加產量，那就是我們熟知的便宜貨了。

平價酒

平價的清酒，或者說好聽一點，桌邊酒或「普通酒」（ふつうしゅ），是使用沒有經過一定程度研磨的米釀造而成的，且額外添加大量酒精。這類清酒口感較烈，帶有明顯的酒精味，再加上使用了未經研磨的米，因而產生較強的泥土味——你會感覺到菇類、糯米、麥芽和熟透至微微發酵的水果香氣。這種酒一般不會太酸，甜度從「甘口」到「大辛口」都有可能。有些平價清酒我自己其實也蠻喜歡的，只是買的時候得賭賭運氣，你不妨多試幾款（反正便宜，也沒什麼損失），如果試到一款喜歡的，就算你走運！你可以記下品牌名稱，試著找出其他出自同一品牌或相同地區的普通酒。但要是你沒能找到自己喜歡的酒款，也不必擔心！我們接著來看看高級的清酒。

高級酒

高級的清酒，或者說「特殊名稱酒」，總共分為以下三類：

1

純米酒

製酒的米被研磨到僅剩百分之七十的重量，
且無額外添加酒精。

2

吟釀

製酒的米被研磨到僅剩百分之六十的重量。

3

大吟釀

製酒的米被研磨到僅剩百分之五十的重量。

純米酒與普通酒相比，最大的不同之處在於香氣。由於米的純澱粉含量較高，且不額外添加蒸餾酒，因此純米酒的口感通常較為滑順，帶有更明顯的花果香，整體風味也更加細緻。「吟釀」和「大吟釀」大多都是純米酒，但有些會加入少量酒精。不過無論是哪一種，它們的風味往往極為細膩，幾乎總是芳醇順口。它們一般帶有馥郁的果香，結合鳳梨、哈密瓜、白桃，甚至是草莓的香氣。有些酒款花香四溢，口感纖細平衡。即便你平時愛喝平價清酒，偶爾也可以奢侈一下，買一瓶上好的純米吟醸或大吟醸來試試——這絕對是一種極致的享受。

特色酒

除了高級清酒之外，在選酒時還有許多其他的類別或風格可以納入考量，尤其是當你已經嘗試過不少「基本款」清酒，想找一些新奇獨特的風味時，不妨試試以下幾種：

濁酒：利用縫隙較粗的布去過濾而留下大量米渣，因此酒體呈乳白色，口感甘醇濃厚，有時甚至會帶點顆粒感。

生酛與山廢：這兩種釀造方式屬於非常傳統的古法，讓野生酵母和細菌自然發酵繁殖，使清酒產生更為明顯的酸味與泥土香氣，可以把它看做是清酒界的酸種麵包。這類清酒也是我個人的最愛。

原酒：未經加水稀釋的清酒，因此酒精濃度較高。清酒香氣更突出，就算不是辛口，喝起來口感也十分強烈鮮明。

樽酒：在日本杉木酒樽中貯藏熟成，濃厚的杉木香氣中夾帶著辛辣刺激的味道，非常適合搭配辣味或口味濃郁的料理。

古酒：經過長時間熟成的清酒。這種酒數量稀少，卻有著驚人的風味，讓人不禁聯想到品質上乘的雪莉酒。

氣泡清酒：有氣泡的清酒，通常甜度較高，酒精濃度偏低。我本身不是很喜歡，但有些人很愛。不過可別期望會有高級氣泡酒的層次感，它比較像檸檬啤酒那樣清爽解渴。

選好你想要嘗試的幾款清酒後，請務必將它們放入冰箱。幾乎所有清酒都是冷藏後的風味最棒。低溫能讓平價清酒的粗糙酒精味變得不那麼明顯，同時也能進一步帶出高級清酒的細緻花果香——但還是有一些清酒是適合室溫品嚐的。我一直不太能理解熱清酒這件事。對我來說，加熱後的清酒喝起來粗劣、甜膩，就像你也不會沒事去加熱白酒，對吧？這本身就是一件很怪的事。但要是你真的想喝熱清酒，注意清酒的溫度最好只比體溫高一點，而且千萬不要把你珍貴的大吟醸拿去加熱！溫熱的純米酒或口感柔和的普通酒會是比較好的選擇。

最後我想說，清酒真的太適合佐餐了！我完全沒遇過清酒和料理不搭的情況。一般來說，平價、帶有土壤氣味且味道濃烈的酒，比較適合搭配咖哩、紅肉或陳年的起司；高級、帶有花果香氣且味道淡雅的酒，則比較適合搭配魚肉、天婦羅或沙拉。

HITACHINO
JP
P

另外幾種值得嘗試的日本飲品

對清酒沒興趣？沒關係，
在日本還有很多其他適合佐餐的飲品。

1 日本啤酒

在日本，啤酒有著不可撼動的地位，銷量遠遠領先於其他酒類。我本來想找數據來證明這點，但請你相信我——啤酒真的超受歡迎。而且這也很合理，因為它實在太好喝了！再加上日本啤酒通常都是米拉格啤酒，口感輕盈乾爽，且含有氣泡。它們乾淨淡雅，喝起來順口，非常適合搭配料理。我最喜歡的牌子是麒麟，但老實說，日本啤酒的味道其實都差不多。近年來，在英國也能買到幾款不同的日本精釀啤酒，品質都相當不錯，有些甚至是日本獨特的食材或風味，比如地瓜、柚子和雪松。如果哪天在商店裡看到，請務必買幾罐回家試試。

2 燒酎

燒酎是一種蒸餾酒，我常將它看作是清酒的一個住在鄉下且性格剛烈的親戚。它的酒精濃度比清酒高，通常落在20至40%之間，還可以由各式各樣的食材製成，不過最常見的是白米、大麥或地瓜。有時候人們會形容它是日本的伏特加，但它的風味比伏特加要來得複雜多變。就像清酒一樣，它可以是濃醇飽滿，充滿泥土香氣與堅果味，也可以是輕盈爽口、果香四溢，抑或是介於兩者之間。如果你對燒酎感興趣，我會建議你先買一瓶米燒酎和一瓶芋燒酎，因為這兩種的風味截然不同，這樣你就能知道自己偏好哪一種口味了。

3 梅酒與其他利口酒

「うめしゅ」一般譯作「梅酒」，但我認為這種譯法不太精準，應該要翻成「極致美味、香氣逼人、甜得恰到好處的日本梅子利口酒」。我本身其實沒有很喜歡水果酒，但是我超愛梅酒！和清酒一樣，梅酒也有很多不同的等級，不過老實說，我覺得就算是最便宜的酒款，味道也相當不錯。梅酒適合放入冰箱冷藏，再加冰塊或汽水享用（尤其到了夏天，梅酒加汽水可說是定番喝法）。其他類似的日本水果酒，還有柚子、白桃等多種不同風味。

4

日本威士忌

大家對日本威士忌已經癡迷到瘋狂的程度了，以至於有些知名品牌現在變得很難買（就算買得到，價格也不會低）。但不得不說，日本威士忌確實好喝。如果你決定要買一瓶來試試，我認為你就要下定決心，買一瓶貴到會被另一半罵花太多錢的那種。我自己是三得利威士忌的鐵粉，而且年分越久越好。記得我曾經喝過一杯35年的響，那一次好喝到我全身起雞皮疙瘩。

5

茶

日本茶甘甜順口，帶有清新的草本香氣，讓人喝了不禁神清氣爽，充滿元氣（當然這和咖啡因沒什麼關係）。日本茶的種類繁多，但你不妨從以下幾種開始嘗試：

綠茶／煎茶：「綠茶」（ryokucha）一詞泛指日本所有種類的綠茶，而煎茶則是指以整片茶葉製成的茶。基本上，這兩個詞都代表日式綠茶，經常交錯地出現在包裝上。日式綠茶可細分成很多品種，但口感大抵鮮明清爽，帶有檸檬酸韻與草本清香，風味淡雅。泡茶時，建議用75°C（167°F）左右的水溫沖泡，以加強旨味、降低澀味。

玄米茶：這是種加了烘焙玄米的綠茶，風味醇厚清甜，帶有堅果香氣。

焙茶：茶葉經過烘焙而產生出濃郁的焦糖香氣，具有療癒人心的作用。

抹茶：綠茶界的義式濃縮。販售時呈亮綠色的細粉狀，其風味濃厚強烈，喜歡與否完全見仁見智（抱歉），但我覺得它鮮明突出的茶香，喝起來特別能提振精神。

〔harvest〕008

簡單日本食：家常
JAPANEASY

作者 提姆・安得森 TIM ANDERSON
譯者 黃心彤
副總編輯 洪源鴻
企劃選編 董秉哲
責任編輯 董秉哲
文字校閱 郭正偉
行銷企劃 二十張出版
封面構成 adj. 形容詞
版面構成 李霈群

出版 二十張出版 — 左岸文化事業有限公司
發行 遠足文化事業股份有限公司（讀書共和國出版集團）
地址 新北市新店區民權路108之3號8樓
電話 02・2218・1417
傳真 02・2218・8057
客服專線 0800・221・029
信箱 akker2022@gmail.com
Facebook facebook.com/akker.fans
法律顧問 華洋法律事務所 — 蘇文生律師

製版 中原造像股份有限公司
印刷 中原造像股份有限公司
裝訂 中原造像股份有限公司

出版 二〇二五年七月 — 初版一刷
定價 八八〇元

ISBN — 978・626・7662・43・4（精裝）、978・626・7662・37・3（ePUB）、978・626・7662・38・0（PDF）

國家圖書館出版品預行編目（CIP）資料：簡單日本食：家常／提姆・安得森（Tim Anderson）著
黃心彤 譯 — 初版 — 新北市：二十張出版 — 左岸文化事業有限公司 發行 —（harvest ; 8）
譯自：Japaneasy 2025.7 208面 19 × 25公分 978・626・7662・43・4（精裝）
1. 烹飪 2. 食譜 3. 日本 427.131 114005782

致謝 ARIGATO

多虧有很多、很多人的幫助，這本書才能成為可能，而且不僅僅只是可能，過程還充滿了樂趣！

首先，我必須感謝我的妻子羅拉，在我橫衝直撞（甚至有些冒險）的時候，她總是給予我滿滿的愛與支持。蘿拉，我愛妳。

我也必須感謝我的經理人霍莉·阿諾德（Holly Arnould），總是以最細膩、最富有同理心的方式替我溝通。霍莉，很抱歉我讓妳這麼頭痛。

我也必須感謝所有參與書籍設計和編輯排版的夥伴，正是因為他們出色的工作，才能成就你眼前這本精美而又繽紛的書籍。我們兼具商業頭腦與時尚美感的凱特·波拉德（Kate Pollard）；謹慎細心又善解人意的三位編輯莎莉·索默斯（Sally Somers）、漢娜·羅伯茨（Hannah Roberts）和凱特·貝倫斯（Kate Berens）；機智聰明又鬼靈精怪的設計師埃維·歐（Evi O.）；才華洋溢又效率驚人的攝影師蘿拉·愛德華茨（Laura Edwards）；還有最能勝任這份工作的道具師塔比莎·霍金斯（Tabitha Hawkins）。你們是最棒的團隊！！！

我還要感謝在Nanban的同事和夥伴：帕特·福斯特（Pat Foster）、艾莉·福斯特（Elly Foster）、里瓦吉·馬哈拉吉（Rivaaj Maharaj）、蘇曼·喬拉蓋（Suman Chaulagai）、克里斯蒂安·邁卡（Krystian Myka）、費爾杜斯·阿赫邁德（Ferdous Ahmed）、麥克·羅伯森（Mike Robertson）和安雅·波爾戈傑利（Anya Borgogelli），感謝他們在布里克斯頓和其他地區為宣揚日式料理的美味所做出的一切努力與奉獻。

最後，我必須感謝教授我日式料理訣竅的所有人，他們的秘訣、技能和知識都已經融入了我的料理和這本食譜當中：艾米可·皮特曼（Emiko Pitman）、Yuki Serikawa、摩根·皮特爾卡（Morgan Pitelka）、派翠克·尼爾（Patrick Knill）、Fumio Tanga和約翰·瓊斯（John Jones）。